大きな字で わかりやすい

スマートフォン超入門

Android 対応版 ［改訂2版］

リンクアップ 著

JN047697

技術評論社

本書の使い方

本書の各セクションでは、手順の番号を追うだけで、Androidスマートフォンの基本的な操作方法がわかるようになっています。

このセクションで使用する基本操作の参照先を示しています

上から順番に読んでいくと、操作ができるようになっています。解説を一切省略していないので、迷うことがありません！

操作の補足説明を示しています

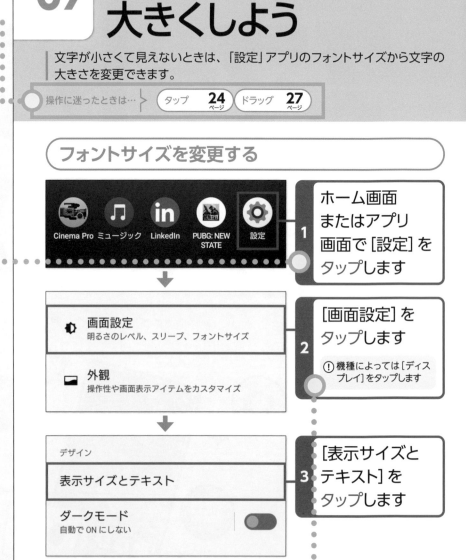

スワイプやスライド、ドラッグなどをする部分は、•••• ▶ で示しています

操作のヒントも書いてあるからよく読んでね

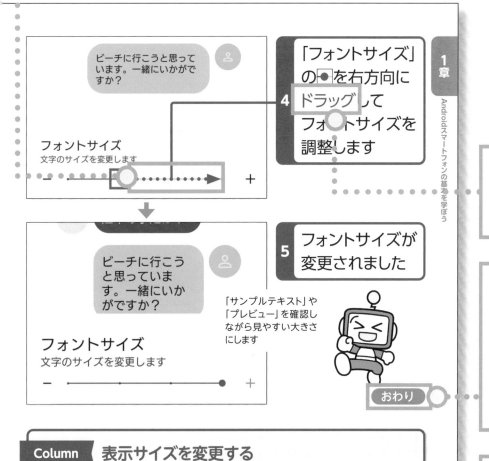

ビーチに行こうと思っています。一緒にいかがですか？

フォントサイズ
文字のサイズを変更します

－ ⬤ •••••••• ➤ ＋

「フォントサイズ」の⬤を右方向に **4** **ドラッグ**してフォントサイズを調整します

ビーチに行こうと思っています。一緒にいかがですか？

フォントサイズ
文字のサイズを変更します

－ •••••••••⬤ ＋

5 フォントサイズが変更されました

「サンプルテキスト」や「プレビュー」を確認しながら見やすい大きさにします

おわり

基本操作を赤字で示しています

ほとんどのセクションは、2ページでスッキリと終わります

操作の補足や参考情報として、コラム（解説、Column）を掲載しています

Column 表示サイズを変更する

フォントサイズ
文字のサイズを変更します

－ •⬤• • ＋

表示サイズ
すべてのサイズを変更します

－ •• •⬤ ＋

手順**4**の画面で「表示サイズ」の⬤を右方向にドラッグすると、アイコンなど画面全体の表示サイズが変更できます。

35

3

大きな字でわかりやすい スマートフォン 超入門 Android対応版 [改訂2版]

第2章　文字の入力をしよう　　48

第3章　インターネットとメールを使おう　66

第4章　便利なアプリを活用しよう　88

第6章　覚えておきたい便利技　144

Androidスマートフォンの基本を学ぼう

Androidスマートフォンでは、インターネットやメール、電話などを楽しめるほか、アプリを使ってさまざまな便利機能を利用することもできます。この章では、まずアプリの選択、文字の入力といった基本の知識や操作を覚えましょう。

この章でできるようになること

Androidスマートフォンで何ができるかがわかります! → 14〜15ページ

Androidスマートフォンで何ができるのかを紹介します。また、機種の違いについても知っておきましょう

基本操作がわかります! → 16〜33ページ

キーアイコンの操作方法やホーム画面の使い方など、基本的なテクニックを覚えましょう

電話の使い方がわかります! → 42〜47ページ

電話番号を入力する電話のかけ方と着信の受け方を紹介します

Androidスマートフォンでできること

Androidスマートフォンでは、画面を触って（タップ／タッチして）操作を行います。ここでは、Androidスマートフォンを使うとどのようなことができるのかを紹介していきます。

Androidスマートフォンでできること

Androidスマートフォンを使えば、インターネットやメール、電話などを楽しむことができます。さらに、さまざまなアプリ（拡張機能）を追加していくことで、自分の好みに合わせて使いやすくすることも可能です。

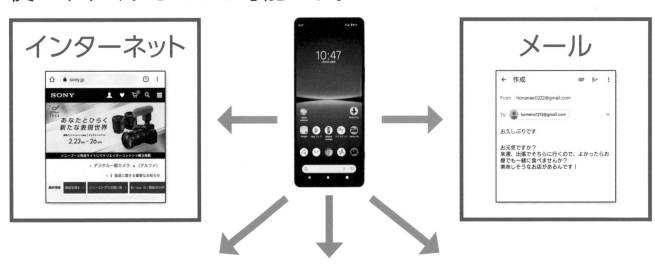

インターネット

メール

動画

電話

地図

Androidスマートフォンの種類

Androidスマートフォンとは、Googleが提供するスマートフォン向けの基本ソフト（OS）「Android」を搭載したスマートフォンです。Androidスマートフォンは、製品によって形状やディスプレイ（画面）の大きさなどの性能、操作の一部が異なります。

なお、本書ではソニーモバイルコミュニケーションズ製のスマートフォン「Xperia SO-51C（ドコモ版）」の画面で解説を行っています。

●Xperia

●Galaxy

●AQUOS※

●Google Pixel※

※ソフトバンクから提供いただいた機種を使用して検証しています。端末の購入についてはソフトバンクのウェブサイトなどをご覧ください。

15

各部の名称と役割を理解しよう

Androidスマートフォンには、電源のオン・オフや音量の調節を行うボタン、カメラやセンサーなどが搭載されています。万が一不具合や故障が起こったとき、自分で問題箇所が把握できるよう、各部の名称を覚えておきましょう。

各部名称と役割 (前面)

❶ フロントレンズカメラ
自分撮りをするときに使います

❷ 受話口／
スピーカー
通話中に相手の声が
聞こえます

❸ 近接／明るさ
センサー
誤動作を防いだり周囲
に合わせて画面の明る
さを調整したりします

❹ 通知LED
通知があったときに
光ります

❺ SIMカード／SDカード挿入口
SIMカードやSDカードを挿入で
きます

❻ 音量キー／ズームキー
音量を調節したりカメラ
をズームしたりできます

❼ 電源キー／
画面ロックキー
画面をスリープ状態に
したり電源をオフにし
たりできます

❽ カメラキー
カメラが起動します

ここではXperia SO-51Cを
例にあげています

❾ スピーカー
アラームや音楽な
どの音が出ます

各部名称と役割（背面）

❿ NFC／おサイフケータイかざし位置
NFC機器の接続やおサイフケータイの利用時に使います

⓫ カメラレンズ
写真や動画を撮るときに使います

⓬ 指紋センサー
指紋を認証します

**⓭ USB Type-C
接続端子**
充電やパソコンと接続するときに使います

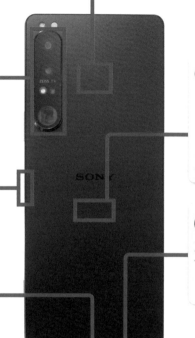

**⓮ ワイヤレス
充電位置**
専用の充電器に置くだけで充電できます

⓯ 送話口／マイク
通話や音声入力に使います

おわり

 解説

機種による違い

ここではXperia SO-51Cを例にあげましたが、機種によっては本体キーの位置や役割などが異なる場合があります。

● **AQUOS**　　　　● **Galaxy**

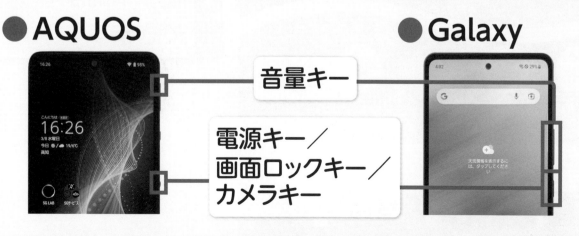

音量キー

電源キー／
画面ロックキー／
カメラキー

スマートフォンを使う準備をしよう

スマートフォンの電源をオンにし、ホーム画面を表示させる方法を知っておきましょう。本体の電源キーを押して操作を行います。

操作に迷ったときは… スワイプ **25** ページ

電源キーで画面を表示する

電源をオンにし、
1 ロック画面を
解除します

スマートフォンを
2 使う準備が
できます

ホーム画面を表示する

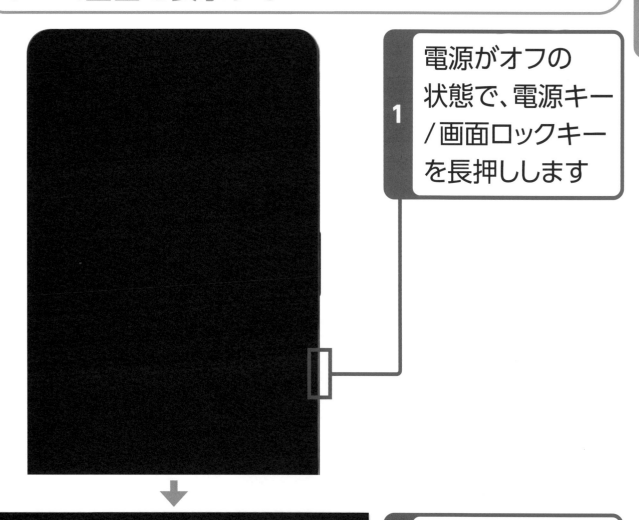

1 電源がオフの状態で、電源キー/画面ロックキーを長押しします

17:45

2月24日金曜日

2 しばらく待つと電源が入り、ロック画面が表示されます

次へ ▶

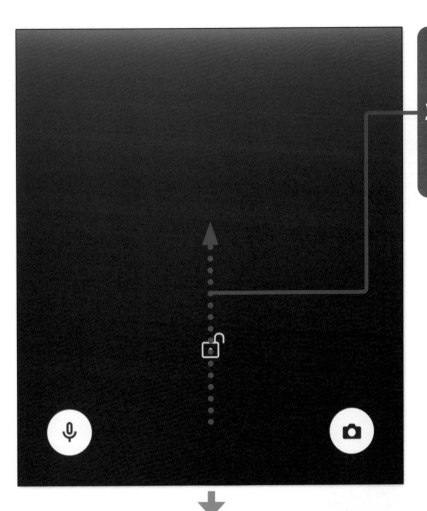

3 上方向に
スワイプし、
ロック画面を
解除します

4 ホーム画面が
表示され、
スマートフォンが
利用できる
状態になります

ロック画面の種類

● Xperiaシリーズの例

画面を上方向にスワイプ
すると、ロックを解除で
きます

● AQUOSシリーズの例

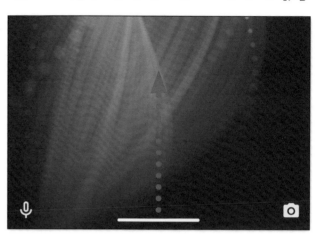

画面を上方向にスワイプ
すると、ロックを解除で
きます

● Galaxyシリーズの例

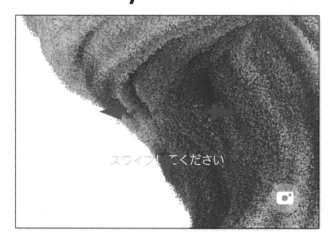

画面を上下左右いずれ
かにスワイプすると、ロッ
クを解除できます

● Google Pixelシリーズの例

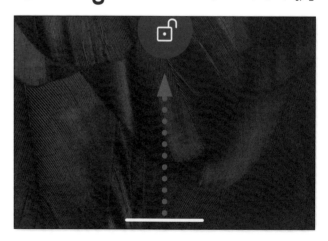

画面を上方向にスワイプ
すると、ロックを解除で
きます

おわり

21

電源のオン・オフと スリープを覚えよう

電源の状態には、オン・オフ・スリープモードの3種類があります。電源が オンの状態で一定時間操作をしないと、スリープモードに移行します。

操作に迷ったときは…　各部の名称 **16** ページ　タップ **24** ページ　フリック **25** ページ

Androidスマートフォンの電源を入れる

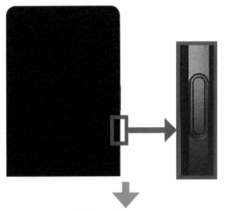

1 電源キー／ 画面ロックキーを 長押しします

2 ロゴマークが 表示され、 しばらく待つと Androidスマート フォンが起動します

NTT DOCOMO　　5G 81%

10:52

2月22日水曜日

Xperiaシリーズでは、起動後に 画面を上方向にフリックすると ロックが解除されます

Androidスマートフォンの電源を切る

1 電源が入っている状態で、音量キーの上部と電源キー／画面ロックキーを押します

2 [電源を切る] をタップすると、Androidスマートフォンの電源がオフになります

おわり

Column **スリープモードとは?**

Androidスマートフォンの電源がオンの状態で一定時間操作を行わずにいると、自動的に画面が暗くなる「スリープモード」になります。スリープモードを解除するには、画面キー／画面ロックキーを1回押します。また、電源がオンの状態で画面キー／画面ロックキーを1回押すと、手動でスリープモードに切り替えることができます。

基本のタッチ操作を身に付けよう

起動後、Androidスマートフォンは画面に指で触れて操作します。ここでは、よく使う指の動きを覚えていきましょう。なお、ナビゲーションキー（32～33ページ参照）は基本的に「タップ」で操作を行います。

タップでアイコンを選ぶ

画面の任意の箇所を指で軽くたたく操作のことを、「タップ」といいます。Androidスマートフォンではもっとも使う機会の多い操作です。主に何かを選択したり決定したりするときに使用します。

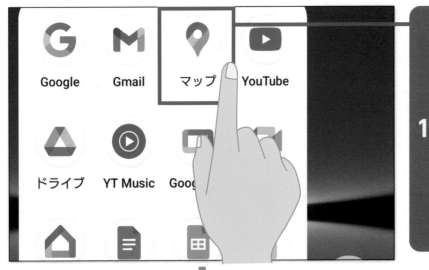

1 ホーム画面またはアプリ画面からアプリのアイコンを指で軽くたたきます（タップ）

2 タップしたアプリが起動します

(!) ここでは「マップ」アプリを起動しています

スワイプ／フリックで画面を動かす

画面の任意の箇所を払うように指を動かす操作のことを、「スワイプ」または「フリック」といいます。画面の表示を移動させるときなどに使用します。

1 画面の任意の箇所に触れます

2 払うように指を動かします（スワイプ）

手順**1**〜**2**の間に指を離すと操作が変わってしまうので注意しましょう

3 動かした方向に画面が移動します

次へ ▶

ピンチで画面を拡大／縮小する

 指先どうしをつまむように近付けていく操作を「ピンチクローズ」といい、画面を縮小するのに使用します。

 その逆に遠ざけていく操作を「ピンチオープン」といい、画面を拡大するのに使用します。

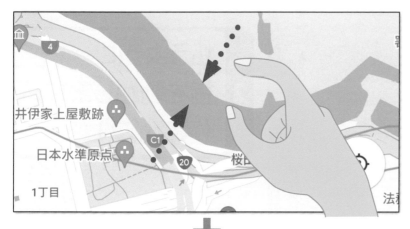

1 2本の指で画面を押さえ、つまむように近付けていきます

2 ピンチクローズ操作によって、画面が縮小します

3 2本の指で画面を押さえ、徐々に幅を広げていきます

4 ピンチオープン操作によって、画面が拡大します

タッチとドラッグ

画面に触れることを「タッチ」といいます。タッチして押さえたままにしたあとで指を離し、表示されたメニューなどをタップするのが基本ですが、タッチして押さえたまま指をスライドさせる「ドラッグ」操作と組み合わせて使用することも多いです。

1 画面上の移動したいものをタッチして押さえたままにします

指を離してしまってメニューが表示された場合は、移動したいものを再度タッチしましょう

2 そのまま動かすと(ドラッグ)、タッチしているものが移動します

おわり

ホーム画面を操作しよう

ホーム画面は、ホームキーを押すと表示される画面です。さまざまな操作の基本になる画面なので、しっかり確認しておきましょう。なお、ホーム画面のスタイルは機種によって異なります（30〜31ページ参照）。

ホーム画面の構成を確認しよう

ここでは例として、「Xperia SO-51C」の画面で解説します。

❶ ステータスバー
通知アイコンが表示されます

❷ フォルダ
複数のアプリアイコンを1つのフォルダにまとめることができます

❹ Google検索
「Google」アプリを起動します

❼ ドック
ドックに入っているアプリアイコンはホーム画面を切り替えても表示されます

❸ ウィジェット
アプリが取得した情報を簡易的に表示します

❺ アプリアイコン
さまざまなアプリのアイコンが表示されます

❻ ホーム画面位置
ホーム画面を移動すると、位置が表示されます

ホーム画面を切り替える

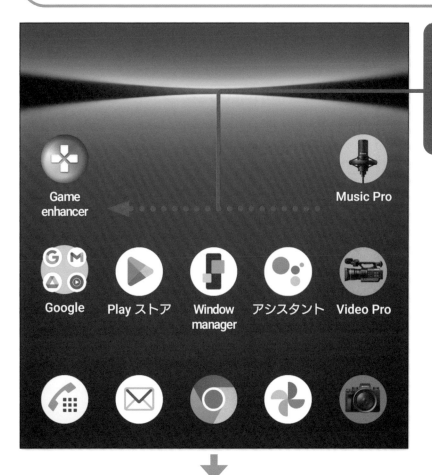

1 ホーム画面を
左方向にフリック
します

2 ホーム画面が
切り替わります

切り替わった画面を右方向
にフリックすると、手順**1**の
画面に戻ります

次へ ▶

機種による違い

●ドコモ販売の機種の例

ホーム画面のスタイルは「docomo LIVE UX」です。画面を左方向にフリックすると、ページごとにアプリが表示されます

●Galaxyシリーズの例

ホーム画面のスタイルは「Galaxyホーム」です。画面を上方向にフリックすると、アプリの一覧が表示されます

●AQUOSシリーズの例

> ホーム画面のスタイルは「AQUOS Home」です。画面を左方向にフリックすると、ホーム画面を切り替え、上方向にフリックすると、アプリの一覧が表示されます

●Google Pixelシリーズの例

> ホーム画面のスタイルは「Pixel Launcher」です。画面を上方向にフリックすると、アプリの一覧が表示されます

次へ ▶

ナビゲーションキーの使い方

ホーム画面に戻る、前に表示していた画面に戻る、といった操作は端末の下部に配置されている「ナビゲーションキー」をタップして行います。なお、ナビゲーションキーの形や配置は機種によって異なります。

●Xperia

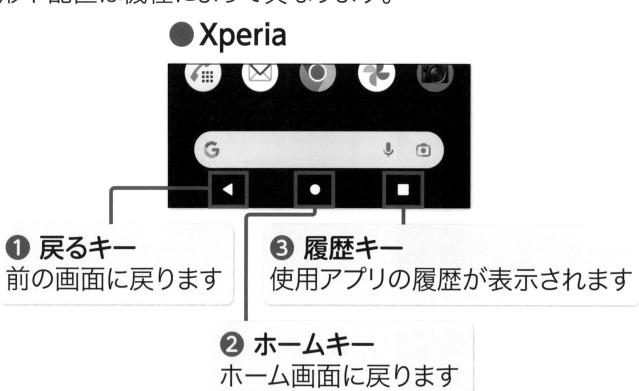

❶ 戻るキー
前の画面に戻ります

❸ 履歴キー
使用アプリの履歴が表示されます

❷ ホームキー
ホーム画面に戻ります

●AQUOS　　●Galaxy

❶ 戻るキー　**❸ 履歴キー**

❷ ホームキー

❶ 戻るキー　**❸ 履歴キー**

❷ ホームキー

Android 9.0以降を搭載した機種の場合

32ページでは従来のナビゲーションキーを紹介しましたが、Androidスマートフォン向けの基本ソフト(OS)「Android 9.0」以降を搭載した機種では、ナビゲーションキーのデザインや操作が変更になりました。

● Google Pixel

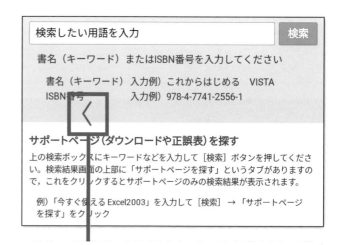

❶ ホームキー

タップするとホーム画面に戻ります。上方向に軽くスワイプすると使用アプリの履歴が表示され、大きくスワイプするとアプリ一覧が表示されます

❷ 戻るキー

画面を右にドラッグすると表示されます。タップすると、前の画面に戻ります

おわり

Column ナビゲーションキーのデザイン

なお、Android 9.0以降の機種でもナビゲーションキーが最新ではない機種や、ナビゲーションキーの種類を従来のデザインと最新のデザインから選べる機種もあります。

文字サイズを
大きくしよう

文字が小さくて見えないときは、「設定」アプリのフォントサイズから文字の
大きさを変更できます。

操作に迷ったときは…➤ (タップ **24** ページ)(ドラッグ **27** ページ)

フォントサイズを変更する

Cinema Pro　ミュージック　LinkedIn　PUBG: NEW STATE　設定

1 ホーム画面
またはアプリ
画面で [設定] を
タップします

◐ **画面設定**
明るさのレベル、スリープ、フォントサイズ

▭ **外観**
操作性や画面表示アイテムをカスタマイズ

2 [画面設定] を
タップします

⚠ 機種によっては [ディス
プレイ] をタップします

デザイン

表示サイズとテキスト

ダークモード
自動で ON にしない

3 [表示サイズと
テキスト] を
タップします

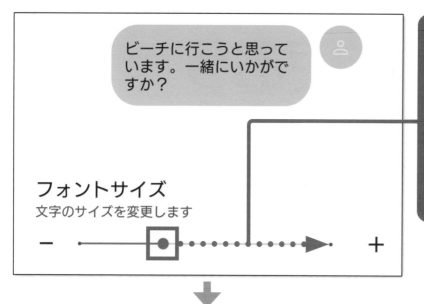

4 「フォントサイズ」の●を右方向にドラッグしてフォントサイズを調整します

5 フォントサイズが変更されました

「サンプルテキスト」や「プレビュー」を確認しながら見やすい大きさにします

おわり

Column 表示サイズを変更する

手順**4**の画面で「表示サイズ」の●を右方向にドラッグすると、アイコンなど画面全体の表示サイズが変更できます。

フォントサイズ
文字のサイズを変更します

表示サイズ
すべてのサイズを変更します

アプリを使おう

アプリをインストールすれば、Androidスマートフォンの機能をさらに拡張できます。ここではアプリでどんなことができるのかを解説します。

操作に迷ったときは… > タップ **24** ページ / スワイプ **25** ページ / フリック **25** ページ

アプリって何?

アプリ（アプリケーション）とは、メールや電話、ゲームや音楽など、Androidスマートフォン上で動くソフトウェアのことを指します。あとから自分好みのアプリを追加して、機能を充実させていくこともできます。

地図

動画

電子書籍
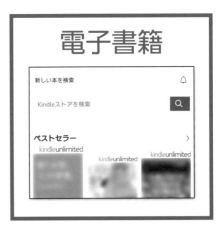

乗換案内

天気
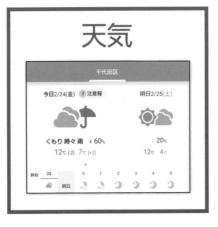

ラジオ

アプリ一覧からアプリを起動する

1 ホーム画面で画面を上方向にスワイプします

アプリキーがなく、ホーム画面にすべてのアプリアイコンが表示される機種もあります

2 アプリ一覧が表示されます

3 起動したいアプリアイコンをタップします

次へ ▶

アプリを切り替える

雷雨の確率	17%
降水	2.5 mm
雨	2.5 mm
降水時間	4
降雨時間	4
雲量	93%
朝方	→

1 アプリの利用中に履歴キーをタップします

2 アプリ一覧が表示されるので、画面を左右（機種によっては上下）にスワイプします

3 切り替えたいアプリをタップします

アプリを終了する

1 38ページ手順**2**の画面で、終了したいアプリを上方向（機種によっては左右）にフリックします

[すべてクリア]をタップすると、すべてのアプリを終了できます

2 アプリが終了します

⚠️ アプリを一時的に終了させるには、アプリ起動時にホームキーをタップします

おわり

自分の電話番号を
確認しよう

自分のスマートフォンの電話番号は、「設定」アプリからかんたんに確認することができます。連絡先機能が付いているアプリからも可能です。

操作に迷ったときは… ▷ タップ　**24**　ページ

設定アプリから電話番号を確認する

G Google
サービスと設定

⚙ システム
言語と入力、日付と時刻、バックアップ

▯ デバイス情報
SO-51C

1 34ページを参考に「設定」アプリを表示します

2 [デバイス情報]をタップします

所有者

基本情報

デバイス名
SO-51C

電話番号（SIM スロット 1）
070-0000-0000

3 自分の電話番号を確認できます

電話アプリから電話番号を確認する

1 ホーム画面または
アプリ画面で
「電話」アプリを
タップします

「連絡帳」アプリは、機種によって
名称やアイコンが異なります

2 「電話」アプリが
起動します

3 [連絡先]を
タップします

よく使う連絡先　通話履歴　連絡先

Q 連絡先を検索

+ 新しい連絡先を作成

あ　伊藤 ななえ

4 登録している
連絡先をタップ
すると、電話番号
が表示されます
(98～99ページ
参照)

おわり

41

電話をかけよう／電話を受けよう

Androidスマートフォンでは、かんたんな操作で電話をかけたり受けたりすることができます。連絡先や発着信履歴からの発信も可能です。

操作に迷ったときは… タップ **24** ページ スワイプ **25** ページ

電話番号を入力して電話をかける

1 ホーム画面またはアプリ画面で「電話」アプリをタップします

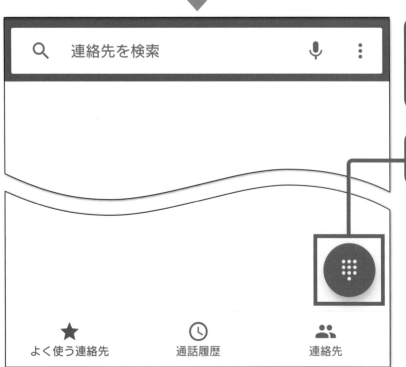

2 「電話」アプリが起動します

3 ⠿をタップします

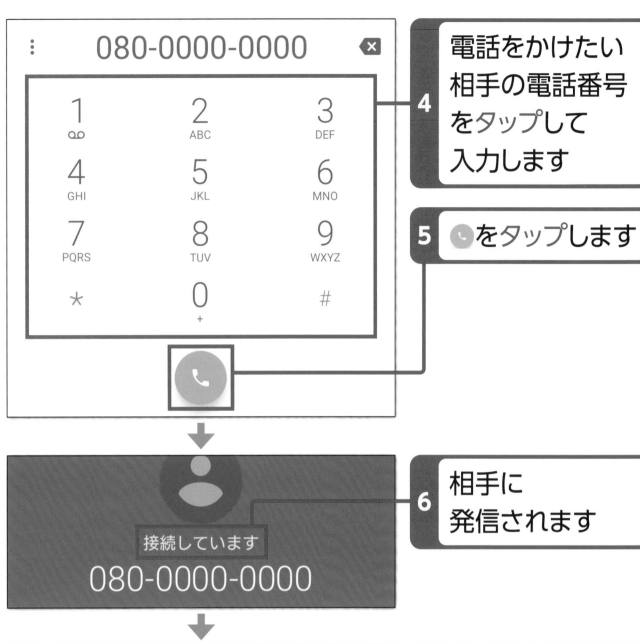

4 電話をかけたい相手の電話番号をタップして入力します

5 📞をタップします

6 相手に発信されます

接続しています
080-0000-0000

7 相手が応答すると、通話が開始されます

080-0000-0000

8 通話を終了するときは、📞をタップします

次へ ▶

電話を受ける

1 電話がかかってくると、着信画面が表示されます

2 📞を上方向にスワイプします

機種によって電話の受け方は異なり、アイコンをタップする場合もあります

3 相手との通話が始まります

4 通話中に各アイコンをタップすると、さまざまな機能を利用できます（45ページの解説参照）

着信

080-0000-0000

HD)) 日本

上にスワイプして応答

下にスワイプして拒否

080-0000-0000

HD)) 00:04

ミュート　　　　ダイヤルキー　　　　スピーカー

通話を追加　　　　保留

44

5 ▰をタップ すると、通話が 終了します

おわり

解説 通話画面のアイコン

① 相手にこちら側の音声が聞こえなくなります
② ダイヤルキーを表示します
③ 端末から耳を離しても相手側の音声が聞こえるようになります

④ 別の相手に電話をかけることができます
⑤ 通話を一時的に保留できます

ハンズフリーで電話をしよう

作業中であったり、両手がふさがっていたりする場合は、スピーカー機能をオンに切り替えると、相手の声が内蔵スピーカーから聞こえるようになります。

操作に迷ったときは… > タップ **24** ページ

スピーカーを使用する

1 通話中の画面を表示します

2 [スピーカー] をタップします

3 スピーカーがオンになります

[スピーカー] をもう一度タップするとオフになります

音量を調整する

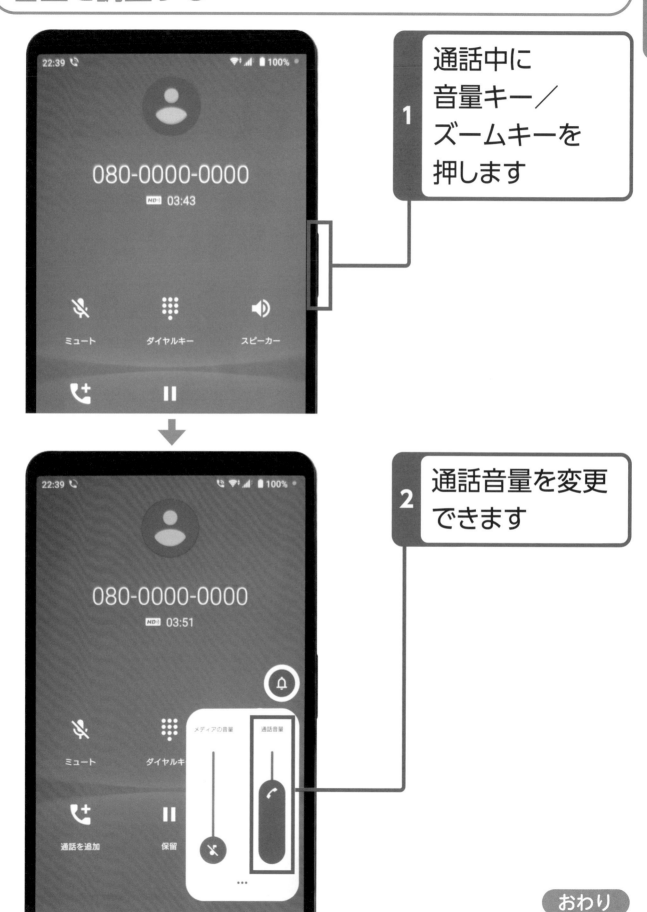

1 通話中に
音量キー／
ズームキーを
押します

2 通話音量を変更
できます

おわり

第**2**章

文字の入力をしよう

キーボードを使って、ひらがなや漢字、アルファベットなどを入力します。さらに絵文字や顔文字などを使って自分の気持ちを表現することができます。

この章でできるようになること

文字の入力の仕方がわかります！ → 50〜59ページ

ひらがなや漢字の入力方法を紹介します。キーボードを切り替えれば、アルファベットなども入力可能です

文字のコピーや貼り付けの仕方がわかります！ → 60〜61ページ

入力した文字は、選択した範囲をコピーして、好きな場所に貼り付けることができます

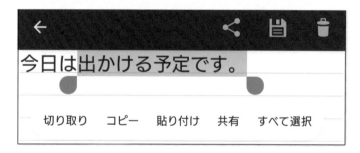

絵文字や顔文字の使い方がわかります！ → 62〜63ページ

多種多様な絵文字や顔文字の入力ができます

スマートフォンの文字入力の方法を知ろう

Androidスマートフォンでは、いくつかの種類のキーボードを使用することができます。それぞれのキーボードの特徴と切り替え方を覚えましょう。

操作に迷ったときは… タップ **24** ページ タッチ **27** ページ

キーボードを表示する

Androidスマートフォンでは、文字入力が可能になるとキーボードが表示されます。ここでは、「Playストア」（112ページ参照）でインストールできる「メモ帳」アプリを起動してキーボードを表示しています。

1 アプリ画面から[メモ帳]をタップします

2 ⊕をタップすると、画面にカーソルとキーボードが表示されます

キーボードの種類を切り替える

キーボードにはいくつかの種類があり、自由に切り替えることができます。

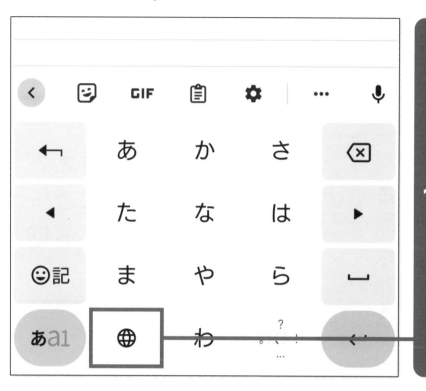

1 キーボードの ⊕ をタッチして、[日本語12キー]または[日本語QWERTY]をタップすると、キーボードを切り替えることができます

●12キー

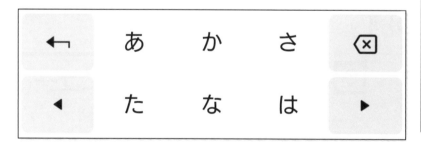

一般的な携帯電話と同じようにかな文字が入力できるキーボードです

●QWERTY

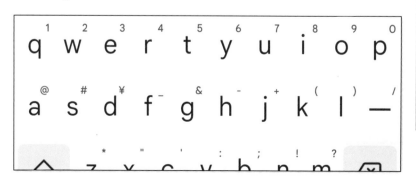

パソコンと同じようにローマ字入力ができるキーボードです

次へ ▶

さまざまなキーボードと切り替え方法

文字種やキーボード種類の切り替えは機種によって少し異なります。ここでは、代表的な機種のキーボード切り替え方法を紹介します。

●Xperiaシリーズの例

タップしてキーボード切り替え／タッチしてメニューからキーボード切り替え

●Galaxyシリーズの例

タップしてメニューからキーボード切り替え

タップして文字種切り替え

● AQUOS シリーズの例

タップしてメニューからキーボード切り替え

タップして文字種切り替え

● Google Pixel シリーズの例

タップしてメニューからキーボード切り替え

タップして文字種切り替え

おわり

ひらがなを漢字や カタカナに変換しよう

入力したひらがなは、確定前に漢字に変換することができます。変換機能を活用して、思い通りの文章を作りましょう。

操作に迷ったときは… タップ **24** ページ スワイプ **25** ページ

ひらがなを入力する

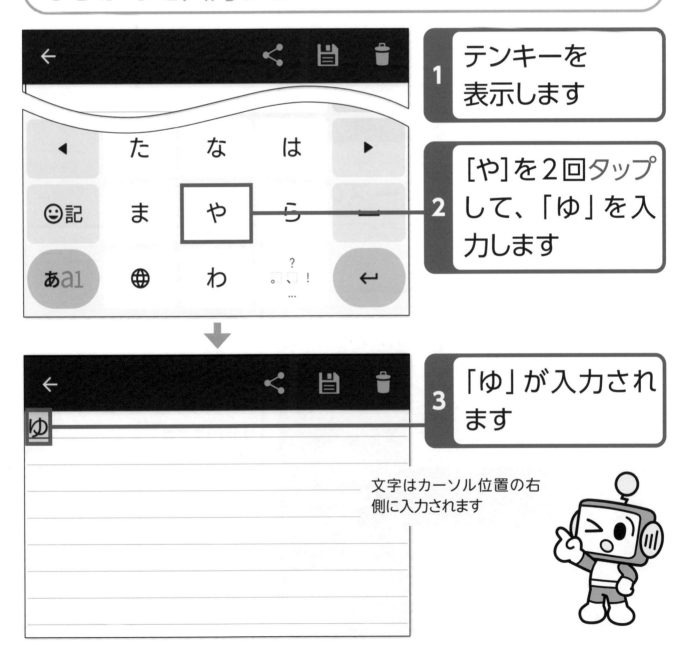

1 テンキーを表示します

2 [や]を2回タップして、「ゆ」を入力します

3 「ゆ」が入力されます

文字はカーソル位置の右側に入力されます

入力したひらがなを漢字に変換する

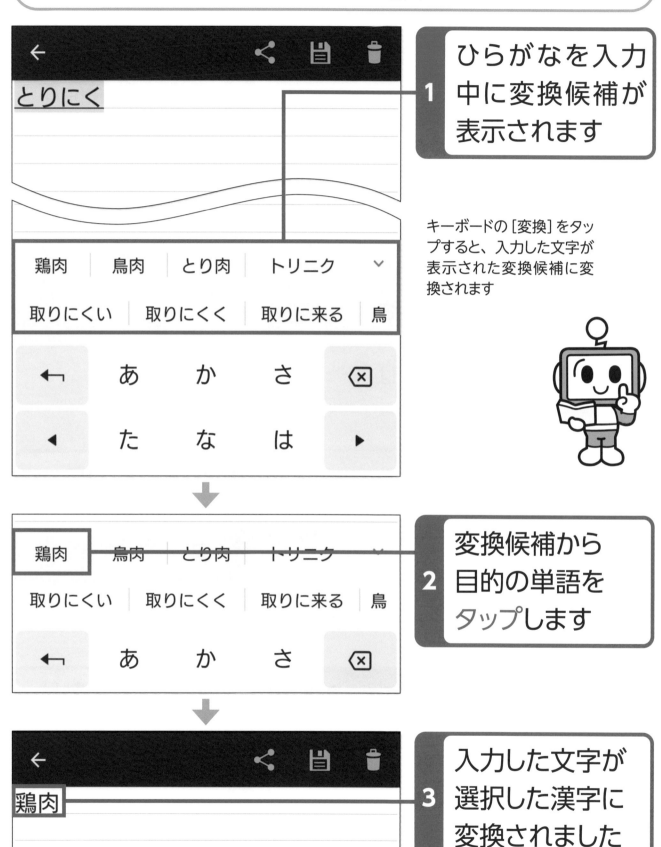

1 ひらがなを入力中に変換候補が表示されます

キーボードの [変換] をタップすると、入力した文字が表示された変換候補に変換されます

2 変換候補から目的の単語をタップします

3 入力した文字が選択した漢字に変換されました

次へ ▶

入力したひらがなをカタカナに変換する

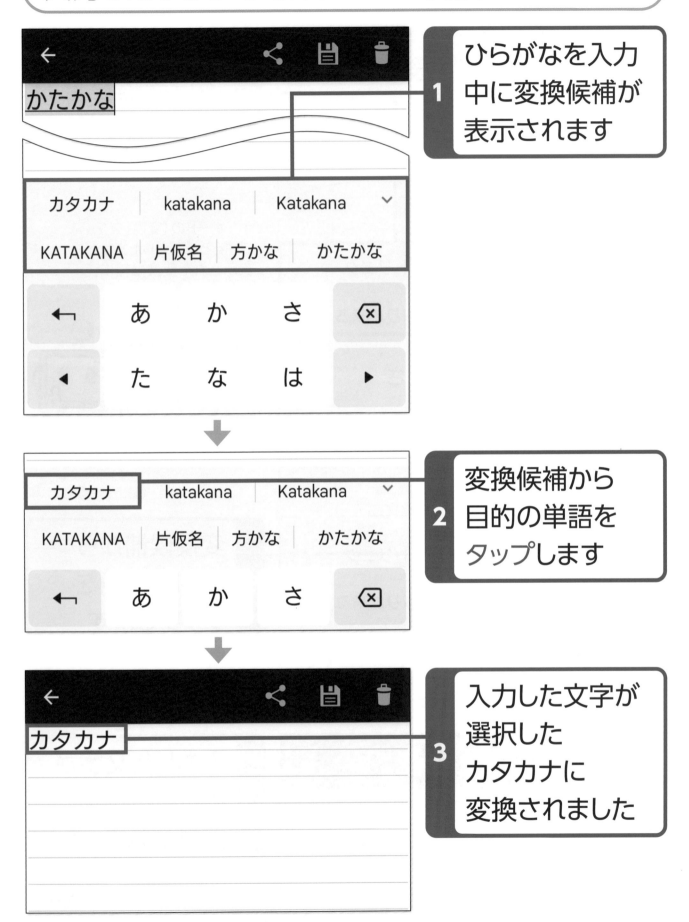

1 ひらがなを入力中に変換候補が表示されます

2 変換候補から目的の単語をタップします

3 入力した文字が選択したカタカナに変換されました

目的の文字が表示されないときは

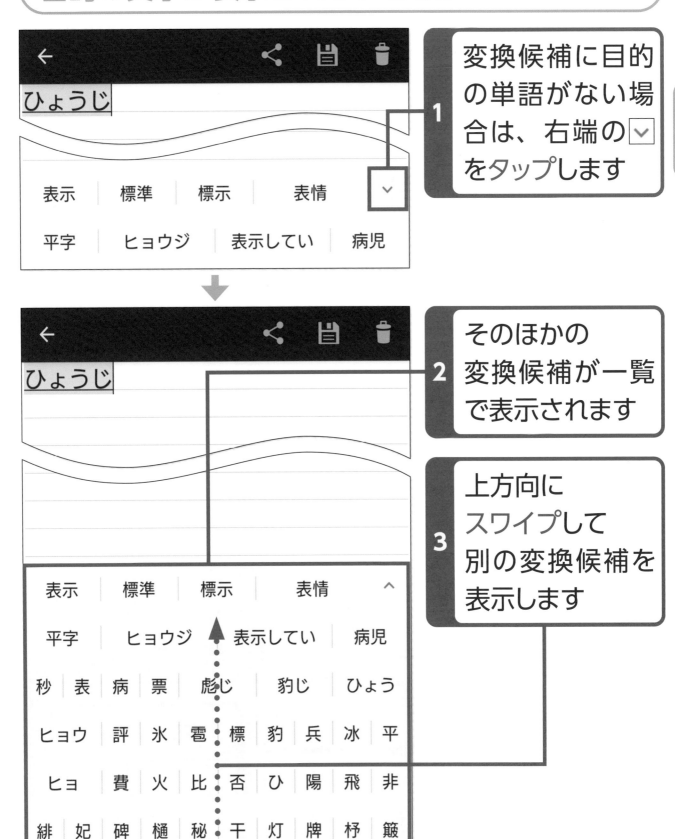

1 変換候補に目的の単語がない場合は、右端の☑をタップします

2 そのほかの変換候補が一覧で表示されます

3 上方向にスワイプして別の変換候補を表示します

おわり

57

アルファベットを
入力しよう

英字は、キーボードを切り替えることで入力できるようになります。また、小文字と大文字をかんたんに変換し、入力することも可能です。

操作に迷ったときは… タップ **24** ページ　機種ごとの違い **52** ページ

アルファベットを入力する

1 テンキーを
表示します

2 キーボードの あa1
をタップします

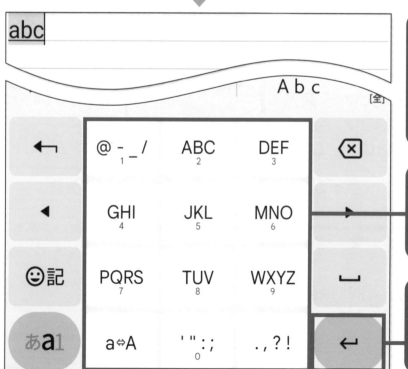

3 英字モードの
キーボードが
表示されます

4 入力したいキー
をタップします

5 ← を
タップします

大文字のアルファベットを入力する

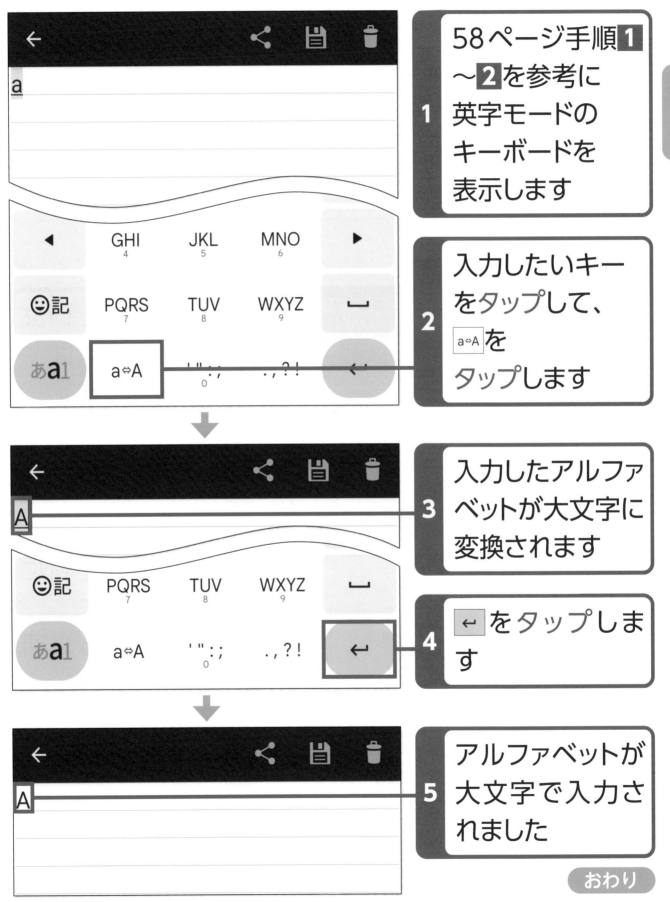

1 58ページ手順 **1** ～ **2** を参考に英字モードのキーボードを表示します

2 入力したいキーをタップして、`a⇔A` をタップします

3 入力したアルファベットが大文字に変換されます

4 `←` をタップします

5 アルファベットが大文字で入力されました

おわり

文字をコピーしたり
貼り付けたりしよう

文字を選択してコピーすれば、コピーした単語や文章を貼り付けられます（ペースト）。入力した文章を別のアプリで使いたいときなどに便利です。

操作に迷ったときは… タップ **24** ページ　ドラッグ **27** ページ　タッチ **27** ページ

文字をコピーする

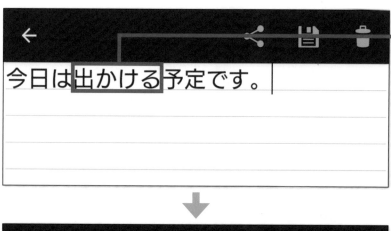

1 コピーしたい文字を2回すばやくタップします

2 文字が選択されます。

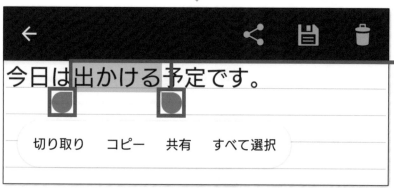

3 ◼️と◼️を左右にドラッグして、コピーする範囲を調整します

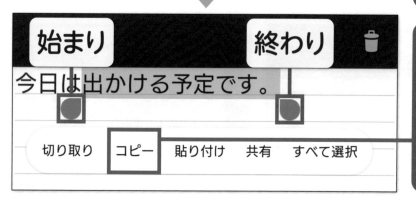

4 表示されるメニューから[コピー]をタップします

文字をペーストする

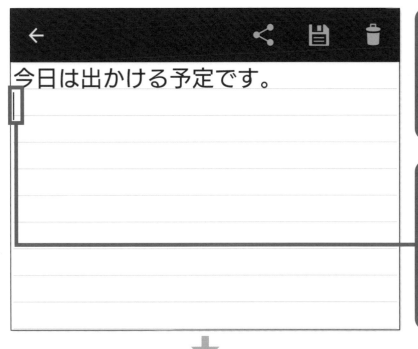

1 60ページの方法で文字をコピーします

2 文字をペースト（貼り付け）したい場所をタッチします

貼り付け　すべて選択　⋮

3 タッチした指を離したときに表示されるメニューから[貼り付け]をタップします

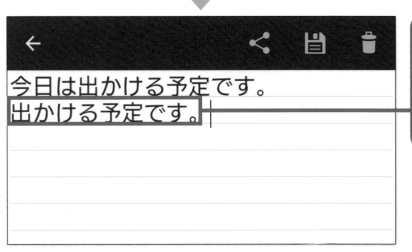

今日は出かける予定です。
出かける予定です。

4 コピーした文章がペーストできました

おわり

絵文字を使おう

絵文字や顔文字、記号なども、文字と同じように入力することができます。
さまざまな種類からタップして選択します。

操作に迷ったときは… > タップ **24** ページ

絵文字を入力する

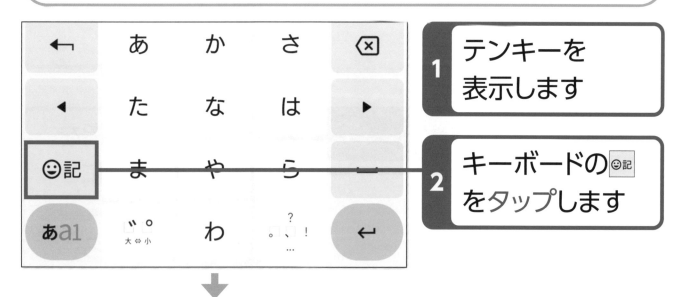

1 テンキーを
表示します

2 キーボードの😊記
をタップします

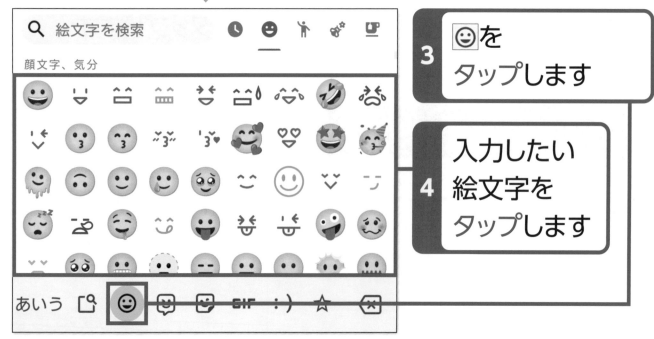

3 😊を
タップします

4 入力したい
絵文字を
タップします

顔文字を入力する

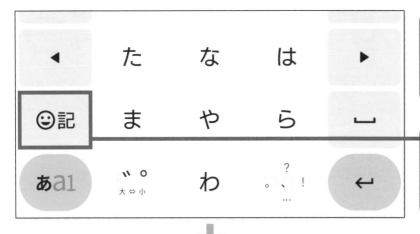

1 テンキーを表示します

2 キーボードの😊記をタップします

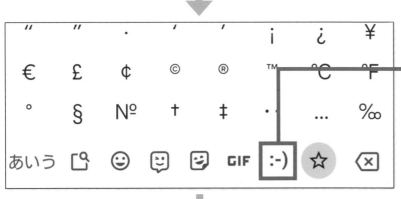

3 :-) をタップします

4 入力したい顔文字をタップします

クラシック	笑顔	ハートマーク	ハグしている顔
:-)	:^)	^_^	(^^)
:,-)	8-)	B-)	o:-)
:-D	}:-)	;)	;-)
:-*	:-P	:-!	:-$
:-X	:-|	:-\	:-[
:-(	:'(	(TT)	=_=
>.<	(+_+)	(*_*)	O_o
:-O	=-O	:0	*\0/*

あいう 📋 😊 😋 😊 GIF :-) ☆ ⌫

[あいう] をタップすると、もとの画面に戻ります

おわり

キーボードを使いやすく設定しよう

キーボードは、自分が使いやすい種類を追加して、操作中にすばやく切り替えることができます。

操作に迷ったときは… → タップ **24** ページ フリック **25** ページ タッチ **27** ページ

キーボードを追加する

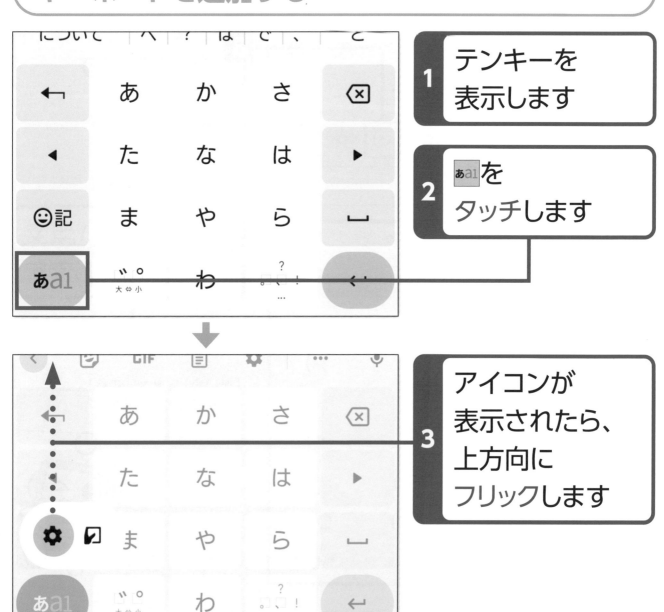

1 テンキーを表示します

2 ぁa1をタッチします

3 アイコンが表示されたら、上方向にフリックします

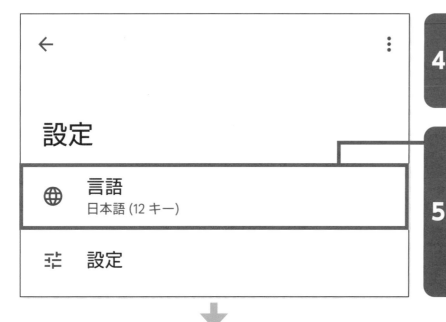

4 「設定」画面が表示されます

5 ［言語］→［キーボードを追加］→［日本語］の順にタップします

6 追加したいキーボード（ここでは［QWERTY］）をタップします

7 ［完了］をタップします

おわり

Column　Gboardのキーボード切り替えについて

本書のキーボードは、Google社が提供する「Gboard」アプリを利用しており、初期の状態では、12キーのみ使える設定になっています。ほかのキーボードを使うには、上記の方法でキーボードの追加を行いましょう。追加すると、タップするだけでキーボードを切り替えられるようになります（52ページ参照）。

第3章

インターネットと
メールを使おう

Androidスマートフォンでは、最初から搭載されているブラウザーアプリ「Chrome」でインターネットを楽しむことができます。さらに、GmailやSMSなど、さまざまな種類のメールを利用できます。

この章でできるようになること

ブラウザーの使い方がわかります! ⊙ 68〜75ページ

ブラウザーアプリ「Chrome」の基本操作を紹介します。
タップやスワイプなどのかんたんな操作で利用できます

利用できるメールの種類がわかります! ⊙ 76〜77ページ

Androidスマートフォンでは、いくつかのメールサービス
アプリが搭載されています

GmailとSMSの使い方がわかります! ⊙ 78〜87ページ

さまざまな種類のメールを
利用できますが、ここでは
GmailとSMSの基本的な
使い方を紹介します

ブラウザーの基本操作を身に付けよう

Androidスマートフォンでは、最初から搭載されている「Chrome」アプリを利用してブラウザーを開くことができます。

操作に迷ったときは… タップ **24** ページ スワイプ **25** ページ

ブラウザーアプリを起動する

1 ホーム画面またはアプリ画面から「Chrome」アプリをタップします

初回起動時は［同意して続行］→［いいえ］の順にタップします

2 Chromeが起動します

ドコモでは、初期起動時に「dメニュー」が表示されます。

ウェブページをスワイプする

1 ウェブページを上方向にスワイプします

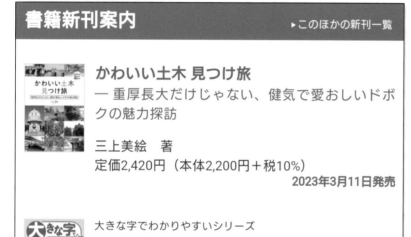

2 ページの下側が表示されます

3 下方向にスワイプするとページの上側が表示されます

次へ ▶

リンクをタップして別のページに移動する

書籍新刊案内　　　▸このほかの新刊一覧

かわいい土木 見つけ旅
— 重厚長大だけじゃない、健気で愛おしいドボクの魅力探訪

三上美絵　著
定価2,420円（本体2,200円＋税10%）
2023年3月11日発売

大きな字でわかりやすいシリーズ
**大きな字でわかりやすい
iPhone 超入門**

岩間麻帆　著
定価1,650円（本体1,500円＋税10%）
2023年3月11日発売

情報処理技術者試験シリーズ
支援士 R4［春期・秋期］
— 情報処理安全確保支援士の最も詳しい過去問

1	任意の ウェブページを 表示します

2	ページ内の リンクをタップ します

🔲 技術評論社　　▸お問い合わせ　▸会社案内

検索したい用語を入力　　　検索

☰ メニュー

書籍案内　⇡ iPhone・iPad

大きな字でわかりやすいシリーズ
**大きな字でわかりやすい
iPhone 超入門**

2023年3月11日紙版発売

岩間麻帆　著
A4変形判／176ページ
定価1,650円（本体1,500円＋税
10%）
ISBN 978-4-297-13380-1

3	タップしたページ に移動します

別のウェブページに移動
するための機能を「リンク」
といいます

前に表示していたページに戻る

1 ページを移動したあと、戻るキーをタップします

⚠️ Android 9.0以降を搭載した端末の場合、戻るキーは必要なときにしか表示されません

2 前に表示していたページに戻ります

おわり

Column 戻る直前に開いていたページに進む

⋮ → → の順にタップすると、戻る直前に開いていたページに進むことができます。

インターネットの ページを見よう

各ウェブページにはアドレス（URL）が設定されています。アドレスを知っていれば、検索バーに入力することでウェブページを表示できます。

操作に迷ったときは… ⟩ タップ **24** ページ 入力 **50** ページ 機種ごとの違い **52** ページ

アドレスを入力してウェブページを開く

1 検索バーを タップします

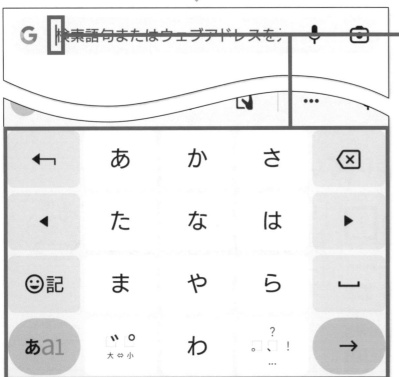

2 カーソルと キーボードが 表示されます

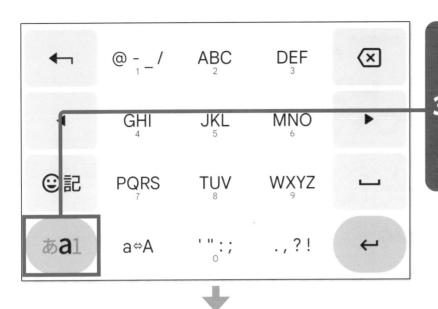

キーボードの
あa1 をタップして
英字モードに
切り替えます

3

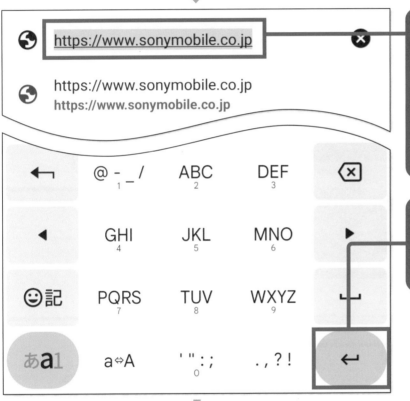

表示したい
ウェブページの
アドレスを
入力します

4

↵ → → の順に
タップします

5

目的の
ウェブページが
表示されました

6

おわり

インターネットで検索しよう

自分の見たいウェブページをインターネットから探すときは、ウェブページに関連したキーワードを入力して検索してみましょう。

操作に迷ったときは… > タップ **24** ページ ＞ 入力 **50** ページ ＞ 機種ごとの違い **52** ページ

キーワードを入力してウェブページを開く

1 画面上部のアドレスバーをタップします

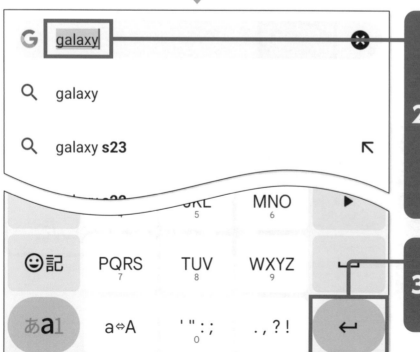

2 検索したいキーワードを入力します（50〜59ページ参照）

3 ← → の順にタップします

4 入力した
キーワードに
関連する
検索結果が表示
されました

5 任意のページを
タップします

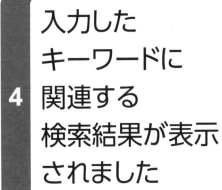

6 目的の
ウェブページが
表示されました

おわり

Column　ウェブページ内の文字を検索する

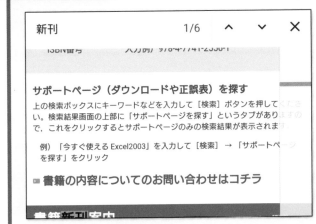

画面右上の : → [ページ内検索] の順にタップし、検索したいキーワードを入力すると、キーワードの一致数とその箇所がマーカー表示されます。

スマートフォンで使える メールを知ろう

Androidスマートフォンでは、各キャリアごとのメールやSMS（＋メッセージ含む）、Gmailを利用できるほか、Yahoo!メールなどのメールアプリもダウンロードして利用できます。

メールの種類と利用アプリ

Androidスマートフォンでは、Gmailやパソコンで利用しているPCメールを利用することができます。また、SMS付きのプランや音声通話対応のSIMカードを契約していれば、電話番号を利用してメールのやり取りができます。なお、携帯電話会社の販売するスマートフォンでは、各携帯電話会社のメールサービスが利用できます（178〜189ページ参照）。

● **Gmail**

Googleが提供するメールサービスです。Googleアカウントを設定すればすぐに利用できます（78〜83ページ参照）

こんばんは〜

From: sample@gmail.com

to: ××××@×××.×××

●SMS（ショートメッセージサービス）

携帯電話どうしでのみ利用できるメールです。相手の携帯電話番号宛にメッセージを送信します（84〜87ページ参照）

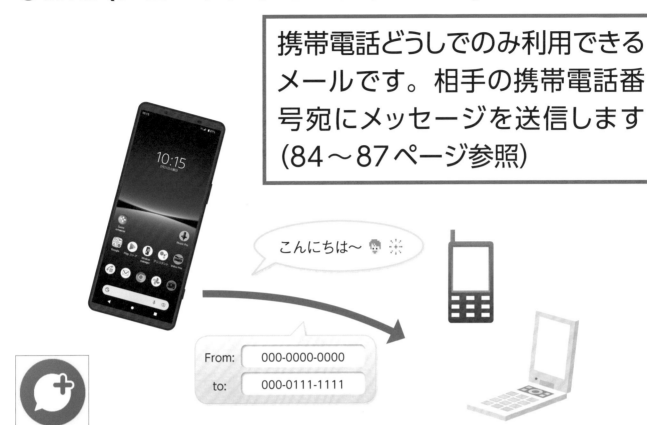

●PCメール

任意のメールアプリをダウンロードしたりGmailで複数のメールアカウントを登録したりして利用します（164〜169ページ参照）

おわり

メールを送信しよう

ここでは、Gmailを使ったメールの作成方法を紹介します。なお。Gmail
の利用にはGoogleアカウントが必要です (172〜177ページ参照)。

操作に迷ったときは… ❯ タップ **24** ページ 入力 **50** ページ

メールを作成する

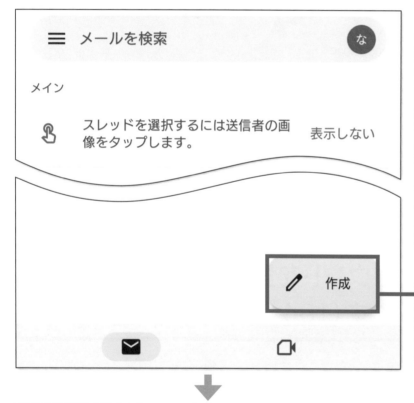

1 ホーム画面
または
アプリ画面で
[Gmail] を
タップしてGmail
を起動します

2 [作成] を
タップします

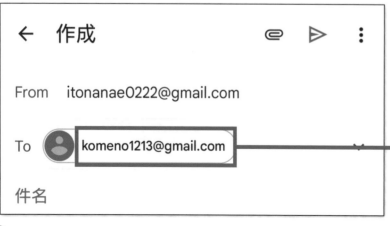

3 [To] をタップ
して、メールを
送信したい相手
のメールアドレス
を入力します

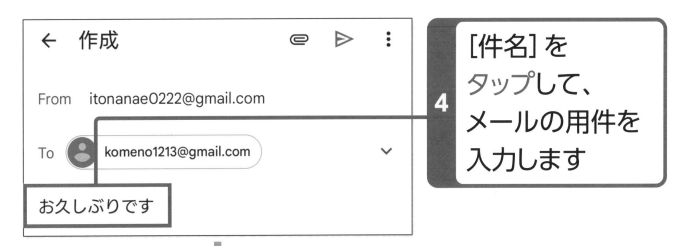

4 [件名] を
タップして、
メールの用件を
入力します

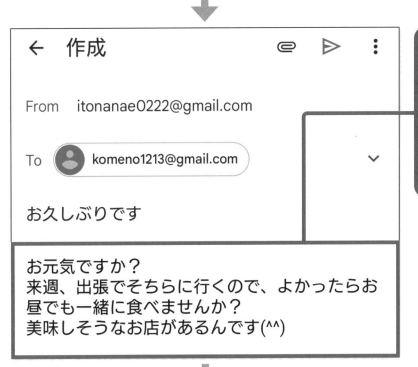

5 [メールを作成]
をタップして、
メールの内容を
入力します

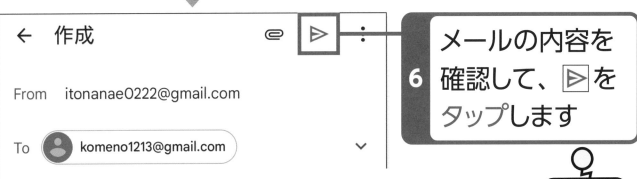

6 メールの内容を
確認して、▷を
タップします

手順**3**の操作時に表示される[スマートフォン全体の連絡先を表示する]をタップして[許可]をタップすると、端末に登録されている連絡先から送信先候補を提案してくれます

おわり

79

届いたメールに
返信しよう

メールが届くと、ステータスバーにメールの着信を知らせるアイコンが表示されます。届いたメールを確認して返信しましょう。

操作に迷ったときは… > タップ **24** ページ　入力 **50** ページ

メールに返信する

メイン		
👤	自分,**米野和樹** 2 お久しぶりです お久しぶりです。 お昼、ぜひ一緒に行きまし…	15:48 ☆
Ⓖ	Google コミュニティ チーム ななえ さん、新しい Google アカウントの設… アカウントの機能やサービスを活用しましょ…	2月22日 ☆

1 「メイン」画面または「受信」画面で届いたメールをタップします

↓

お久しぶりです　受信トレイ　　　　☆

👤 伊藤ななえ 15:35
お元気ですか？来週、出張でそちらに行くので、
よかったらお昼でも一緒に食べませんか？美味し

👤 米野和樹 15:48
To: 自分 ∨

お久しぶりです。
お昼、ぜひ一緒に行きましょう。
駅前に12時でいかがでしょうか？

2023年2月27日(月) 15:35 伊藤ななえ

2 メールの内容が表示されます

 をタップします

3 ⓘ 画面左下の[返信]をタップしても同様の操作が行えます

4 「返信」画面が表示されます

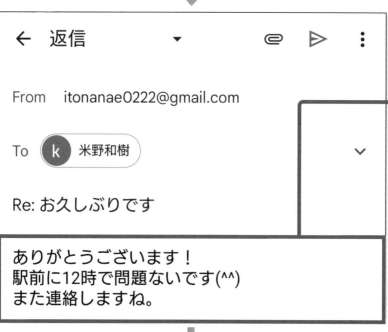

5 [メールを作成]をタップして返信内容を入力します

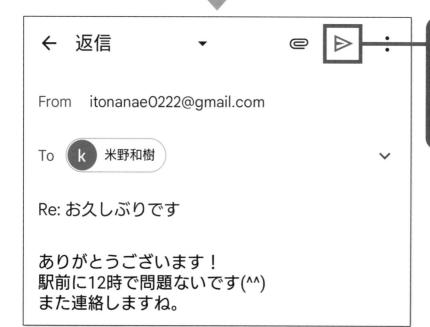

6 返信内容を確認して、▷をタップします

おわり

メールで写真を
やり取りしよう

メールでは、写真や動画を相手に送信することができます。ここでは、端末に保存してある写真を送信する方法を解説します。

操作に迷ったときは…

タップ **24** ページ　入力 **50** ページ

メールに写真を添付する

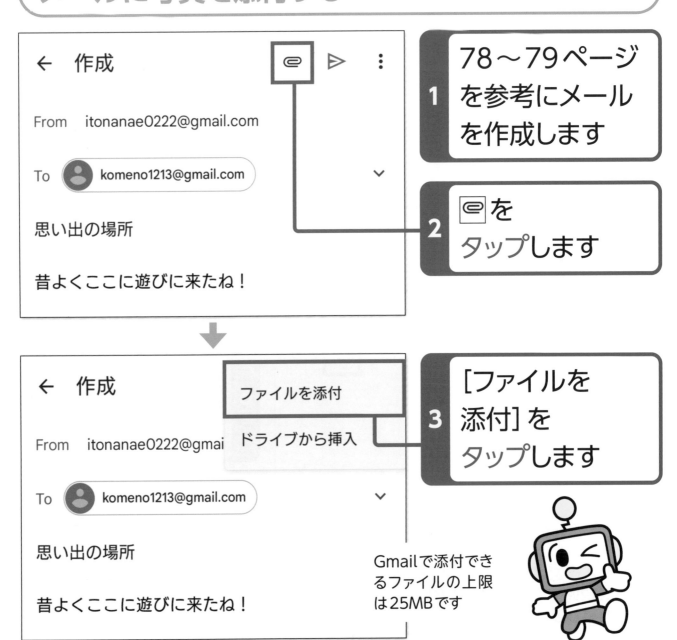

1 78〜79ページを参考にメールを作成します

2 @ をタップします

3 [ファイルを添付] をタップします

Gmailで添付できるファイルの上限は25MBです

4 端末に保存されている写真が一覧表示されます

5 送信したい写真をタップします

6 メールに写真が添付されます

おわり

Column 写真の表示形式を変更する

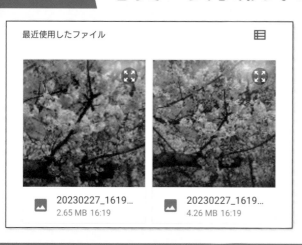

手順**4**の画面で⊞をタップすると、写真の表示形式を変更することができます。▤をタップすると、手順**4**の表示形式に戻ります。

SMSでメッセージをやり取りしよう

Androidスマートフォンでは、電話番号どうしでメッセージのやり取りが行えるSMS（ショートメッセージサービス）を利用することができます。

操作に迷ったときは… タップ **24** ページ 入力 **50** ページ

SMSとは

SMSとは、670文字までのメッセージが手軽に送受信できるショートメッセージサービスです。相手の電話番号さえわかれば、どのキャリアのスマートフォンでもSMSのやり取りができます。SMSを利用するには、「＋メッセージ」アプリから操作を行います。

従来のSMSは、ドコモでは「メッセージ」、auでは「SMS（Cメール）」、ソフトバンクでは「SoftBankメール（SMS）」という分類でした。現在はこの3キャリアすべてのSMSが「＋メッセージ」アプリに集約されており、＋メッセージの機能の1つとして利用できます。＋メッセージはSMSと同様に電話番号を利用してメッセージのやり取りを行いますが、＋メッセージは絵文字やスタンプなども送信できるようになっています。なお、＋メッセージは相手も＋メッセージを利用している場合のみ利用が可能です。

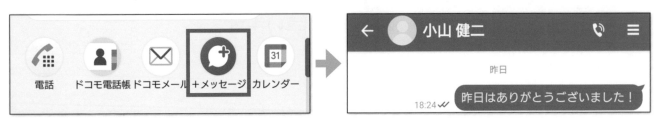

SMSのメッセージを作成する

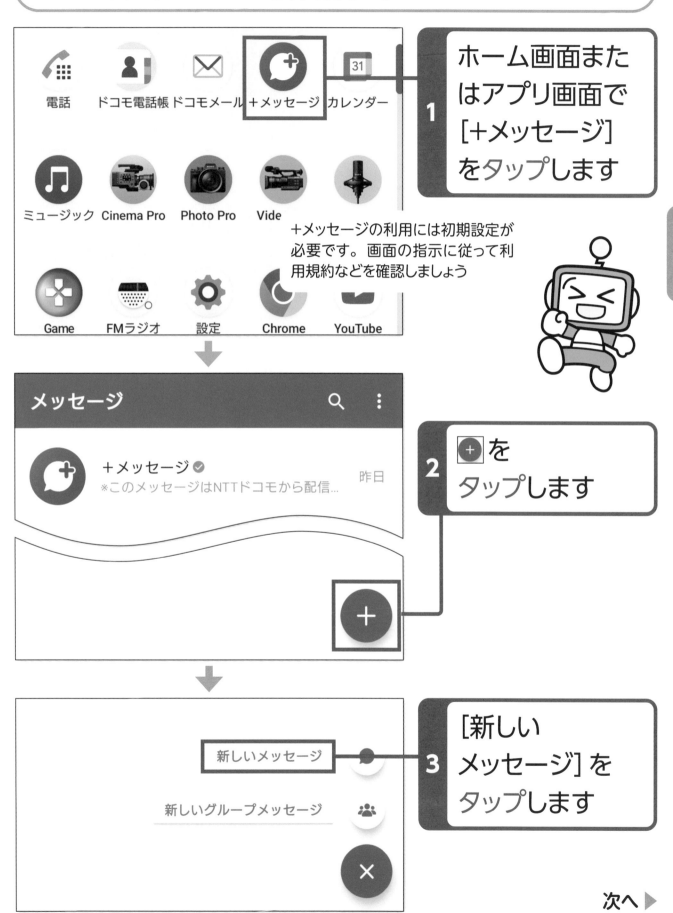

1 ホーム画面またはアプリ画面で[＋メッセージ]をタップします

＋メッセージの利用には初期設定が必要です。画面の指示に従って利用規約などを確認しましょう

2 ⊕をタップします

3 [新しいメッセージ]をタップします

次へ ▶

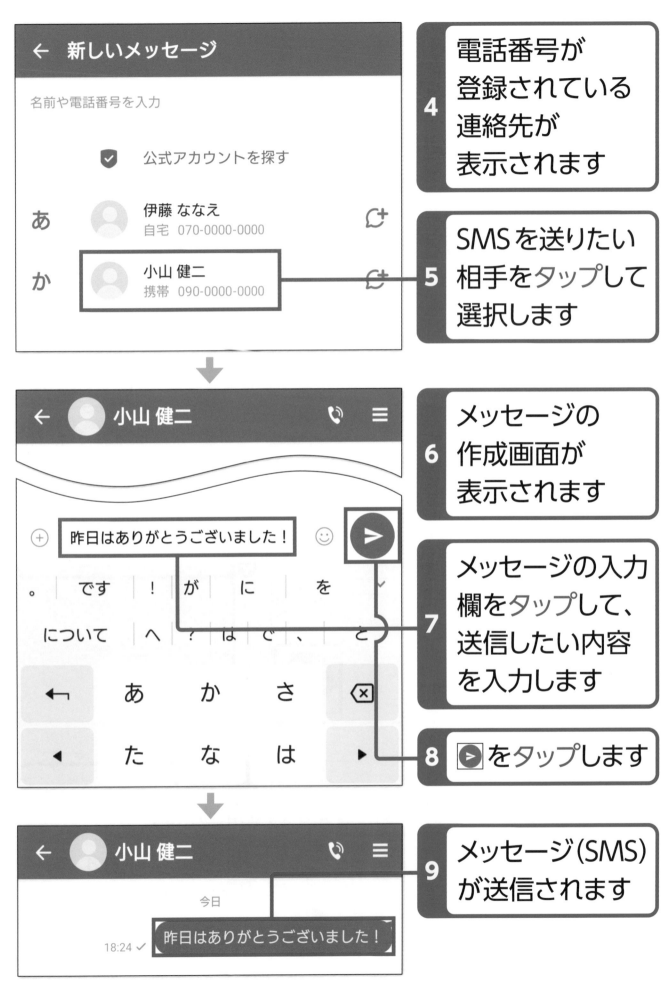

新しいメッセージ

名前や電話番号を入力

公式アカウントを探す

あ　伊藤 ななえ
　　自宅　070-0000-0000

か　小山 健二
　　携帯　090-0000-0000

4 電話番号が登録されている連絡先が表示されます

5 SMSを送りたい相手をタップして選択します

小山 健二

昨日はありがとうございました！

。　　です　！　が　　に　　を

について　へ　？　は　で　、

←　あ　か　さ　⌫

◀　た　な　は　▶

6 メッセージの作成画面が表示されます

7 メッセージの入力欄をタップして、送信したい内容を入力します

8 ▶をタップします

小山 健二

今日

18:24 ✓　昨日はありがとうございました！

9 メッセージ(SMS)が送信されます

メッセージに返信する

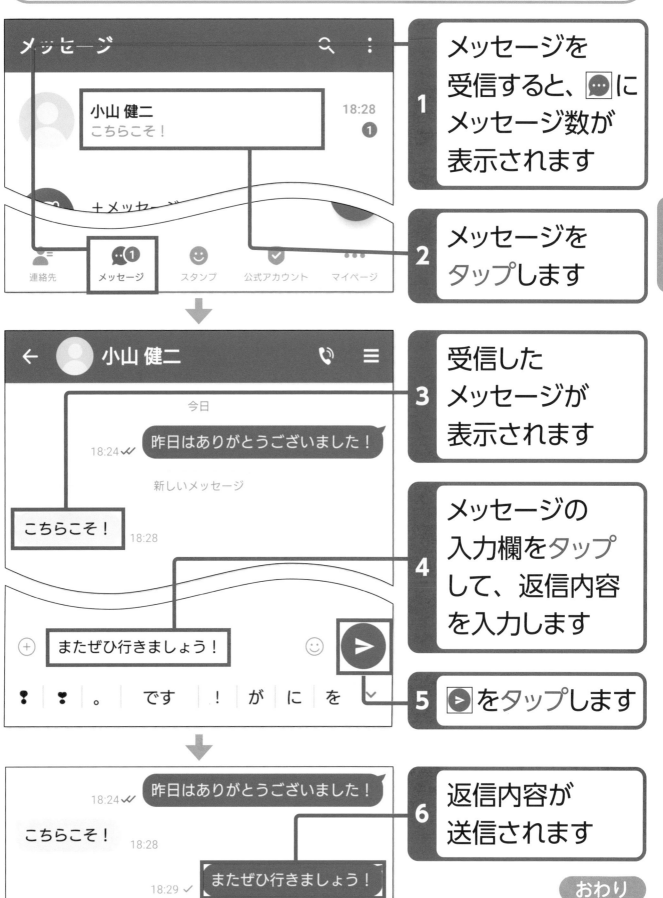

メッセージを受信すると、💬にメッセージ数が表示されます **1**

メッセージをタップします **2**

受信したメッセージが表示されます **3**

メッセージの入力欄をタップして、返信内容を入力します **4**

▶をタップします **5**

返信内容が送信されます **6**

おわり

87

第4章

便利なアプリを
活用しよう

Androidスマートフォンには、さまざまな便利アプリがインストールされています。この章では、カメラやアルバム、アラームや地図といった、普段の生活でも使うシーンが多いアプリの操作を解説します。

この章でできるようになること

カメラの使い方がわかります! → 92〜95ページ

写真や動画の撮り方を紹介します。
なお、カメラの画面構成や画素数は
機種によって異なります

連絡先の活用方法がわかります! → 98〜101ページ

家族や友人の連絡先
を登録しておけば、
電話やメールを利用
するたびに連絡先を
入力する手間がなく
なります

伊藤 ななえ
いとう ななえ

070-0000-0000
自宅

生活に便利なアプリを利用できます! → 102〜109ページ

2月
講演会
18時30分〜19時30分
2023年3月

アラーム、カレンダー、
マップなど、普段の生活
が便利になるアプリの
使い方を覚えましょう

アプリ利用時の許可画面をチェックしよう

アプリを利用する際は、権限の許可画面が表示されます。あとから変更もできるので、必要に応じてカスタマイズしましょう。

操作に迷ったときは… > タップ **24** ページ

許可画面とは

アプリの利用を開始する際には、アプリが行う権限を確認するために許可画面が表示されます。許可画面が表示されたら、よく確認したうえで許可、または許可しない選択をしましょう。アプリによっては、許可しないと利用できないアプリがあるため、注意が必要です。なお、アプリの権限は「設定」アプリからいつでも変更が可能です。

アプリの初期起動時には、権限の許可が求められることがあります	選択肢には「アプリの使用時のみ」「今回のみ」「許可」などがあります

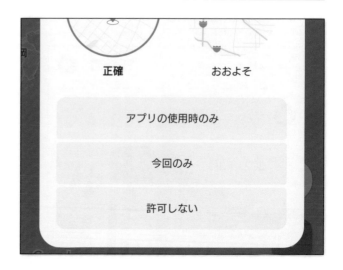

アプリの権限を変更する

🔒 **セキュリティ** 指紋設定	
👁️ **プライバシー** 権限、アカウント アクティビティ、個人データ	
📍 **位置情報** OFF	

1 34ページを参考に「設定」アプリを表示します

2 [プライバシー]をタップします

⬇️

プライバシー ダッシュボード
権限を最近使用したアプリを表示する

権限マネージャー
アプリのデータアクセスを管理する

パスワードの表示
入力した文字を短い間表示する ⬤

ロック画面上の通知

3 [権限マネージャー]をタップします

⬇️

権限マネージャー

📹 **カメラ**
4/29 個のアプリを許可

📅 **カレンダー**
5/10 個のアプリを許可

📁 **ファイル**

4 項目ごとにアプリに権限を許可するかどうかを設定できます

おわり

写真や動画を撮影しよう

Androidスマートフォンに搭載されているカメラでは、写真や動画を撮ることができます。お気に入りのものや場所、友人などを撮影してみましょう。

操作に迷ったときは… > タップ **24** ページ フリック **25** ページ ピンチ **26** ページ

写真を撮る

1 ホーム画面またはアプリ画面で「Photo Pro」アプリをタップします

2 「Photo Pro」アプリが起動します

3 カメラが写真モードになっているかを確認します

4 をタップすると、写真を撮影できます

をタップすると、フロントカメラがインカメラに切り替わり、自分撮りができるようになります

次へ ▶

Column 撮影に便利な機能

●拡大／縮小

画面をピンチオープンすると拡大し、ピンチクローズすると縮小します。

●ピント／露出

ピントを合わせたい箇所をタップすると、ピントが合います。をタップすると、解除されます。

動画を撮る

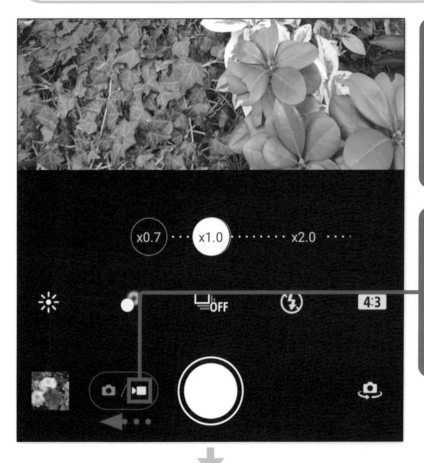

1 92ページ手順**1**を参考に「Photo Pro」アプリを起動します

2 画面をフリックまたは[ビデオ]や[動画]をタップします

3 カメラがビデオモードになります

ビデオモードでも📷をタップしてインカメラに切り替えることができます

4 ◯をタップします

5 動画の撮影が
開始されます

⚠️ 画面上に撮影時間が表
示されます

6 ◼をタップする
と、撮影が
終了します

おわり

撮影した写真や動画を見てみよう

撮影した写真や動画は、Androidスマートフォンに搭載されている「フォト」アプリから確認できます。

操作に迷ったときは… タップ **24** ページ フリック **25** ページ スワイプ **25** ページ

写真を確認する

1 ホーム画面またはアプリ画面で「フォト」アプリをタップします

2 表示したい写真のサムネイルをタップします

3 写真が表示されます

(!) 画面を左右にフリックすると、前後の写真を表示できます

動画を確認する

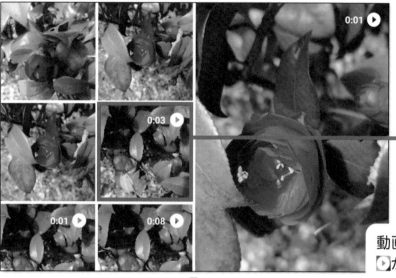

1 「フォト」アプリを起動し、表示したい動画のサムネイルをタップします

動画のサムネイルには
▶が表示されます

2 動画が再生されます

3 終了するには上方向にスワイプします

おわり

97

連絡先を活用しよう

家族や友人などの電話番号やメールアドレスを「電話」アプリに登録しておけば、すぐに電話をかけたりメールを送ったりできます。

操作に迷ったときは… > タップ **24** ページ　入力 **50** ページ

連絡先を登録する

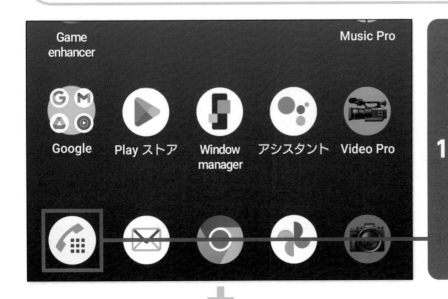

1 ホーム画面またはアプリ画面で「電話」アプリをタップします

⚠ ドコモの契約機種では「ドコモ電話帳」アプリも利用できます

2 「電話」アプリが起動します

3 [新しい連絡先を作成] をタップします

連絡先はありません

新しい連絡先を作成

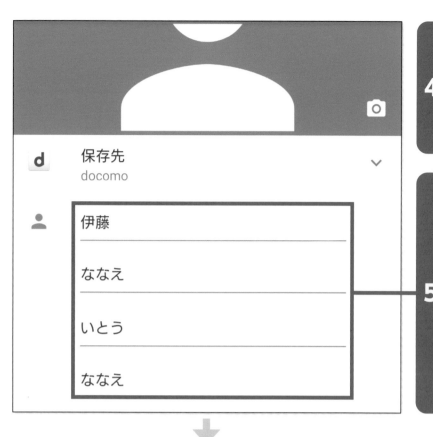

4 「新しい連絡先の作成」画面が表示されます

5 「姓」「名」「電話番号」「Eメール」など、相手の情報を入力します

⚠ 「姓」と「名」のふりがなは自動で入力されます

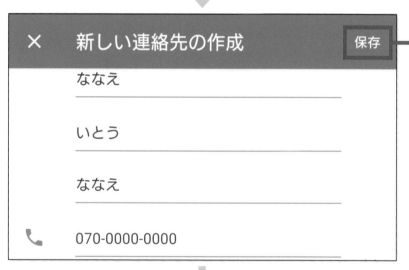

6 入力が完了したら、[保存]をタップします

7 連絡先が登録されます

次へ ▶

連絡先をお気に入りに追加する

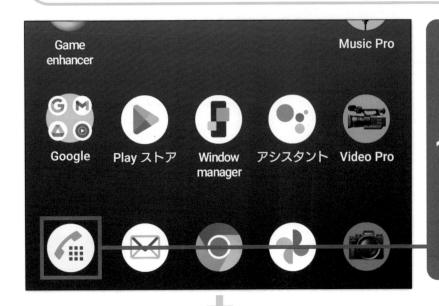

1 ホーム画面またはアプリ画面で「電話」アプリをタップします

①ドコモの契約機種では「ドコモ電話帳」アプリも利用できます

よく使う連絡先にはまだ連絡先が登録されていません

お気に入りを追加

2 [お気に入りを追加]をタップします

Q 連絡先を検索 🎤 ⋮

+👤 新しい連絡先を作成

あ 伊藤 ななえ

か 小山 健二

3 お気に入りに追加したい相手の連絡先をタップします

4 ☆をタップします

「電話」アプリからの
電話のかけ方は42〜
45ページを参照して
ください

おわり

「電話」アプリから連絡先を呼び出す

42ページを参考に「電話」アプリを起動し、連絡先をタップすると、登録されている連絡先が表示されます。名前をタップして電話番号をタップすると、電話をかけることができます。

101

時計やアラームを利用しよう

「時計」アプリにはアラームやタイマー機能が搭載されています。アラームを設定した時間に音が鳴るので、目覚まし時計代わりに利用できます。

操作に迷ったときは… ▷ タップ **24** ページ ドラッグ **27** ページ

毎日のアラームを設定する

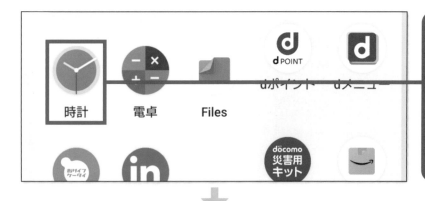

1 ホーム画面またはアプリ画面で [時計] をタップします

2 「時計」アプリが起動します

3 ⊕をタップします

設定済みのアラームをオフしたい場合は、◻◯をタップします

4 画面上部の時間
をタップします

5 画面中央の時計
の針をドラッグし
て時間を設定し
ます

6 手順 **4** 〜 **5** の
操作で分も
設定し、[OK]を
タップします

7 曜日をタップする
と、アラームを
鳴らす曜日を
指定できます

おわり

103

カレンダーを使おう

Googleが提供する「カレンダー」アプリでは、自分のスケジュールを追加して管理することができます。利用にはGoogleアカウントの登録が必要です。

操作に迷ったときは… タップ **24** ページ 入力 **50** ページ

予定を設定する

1 ホーム画面またはアプリ画面で[カレンダー]をタップします

2 「カレンダー」アプリが起動します

⚠ アカウントの追加に関する画面が表示された場合は[OK]をタップします

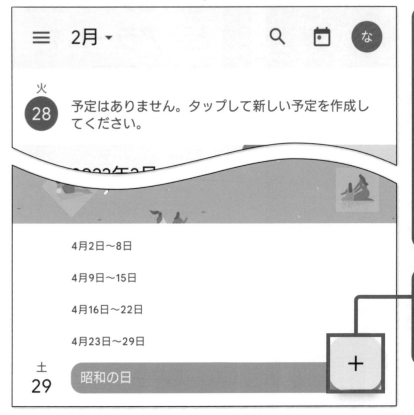

3 ＋ → [予定] の順にタップします

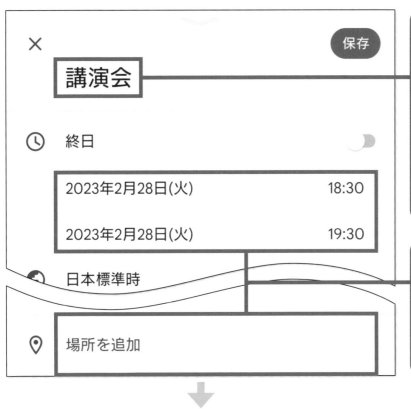

4 [タイトルを追加]をタップしてスケジュールのタイトルを入力します

5 スケジュールの日時、場所などを設定します

6 情報の入力が完了したら[保存]をタップします

7 スケジュールが設定されました

左上の≡をタップし、「日」「3日間」「週」「月」のいずれかをタップすると、カレンダーの表示形式を変更することができます

おわり

地図を見よう

Googleが提供する「マップ」アプリでは、現在地周辺の地図を確認することができます。利用するには端末の位置情報をオンにする必要があります。

操作に迷ったときは… > タップ **24** ページ　スワイプ **25** ページ　ピンチ **26** ページ

現在地を確認する

1 ホーム画面またはアプリ画面で [マップ] をタップします

2 地図が表示されます

① ログイン画面が表示された場合は、[スキップ] をタップします

3 ◎をタップします

4 位置情報についての画面が表示されたら、[アプリの使用時のみ]または[今回のみ]→[OK]の順にタップします

5 地図上に現在地が表示されます

⚠ 水色の放射ビームは端末が向いている方向に表示されます

スワイプして地図を動かしたり、ピンチで地図を拡大／縮小したりできます

おわり

目的地までの経路を調べよう

「マップ」アプリでは、目的地までの経路をさまざまなルートで検索することができます。また、目的地までかかる時間も把握できます。

操作に迷ったときは… タップ **24** ページ 入力 **50** ページ

目的地の情報を入力して経路を調べる

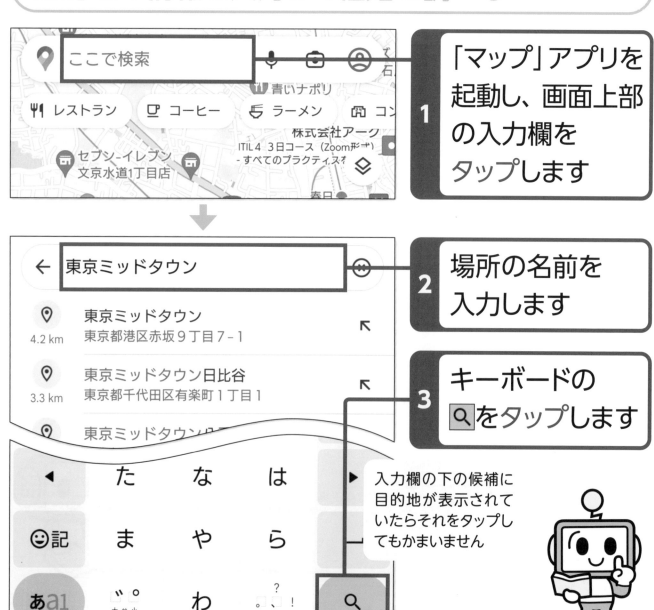

1 「マップ」アプリを起動し、画面上部の入力欄をタップします

2 場所の名前を入力します

3 キーボードの🔍をタップします

入力欄の下の候補に目的地が表示されていたらそれをタップしてもかまいません

4 入力した
キーワードに
関連する場所が
表示されます

5 をタップします

6 場所の詳細な
情報が
表示されます

7 [経路] を
タップします

8 目的地までの
ルートが
表示されます

9 移動手段を
タップすると、経
路を切り替えるこ
とができます

おわり

無料の動画を見よう

動画共有サービスである「YouTube」のアプリを利用すると、無料でさまざまな動画を楽しむことができます。動画を見る際には、通信料が発生します。

操作に迷ったときは… 〉 各部名称 **16** ページ　タップ **24** ページ　入力 **50** ページ

YouTubeで動画を見る

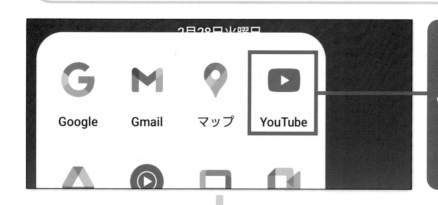

1 ホーム画面またはアプリ画面で[YouTube]をタップします

2 「YouTube」アプリが起動します

3 Q をタップします

本体の側面にある音量キー（16ページ参照）を押すと、再生する動画の音量を調節できます

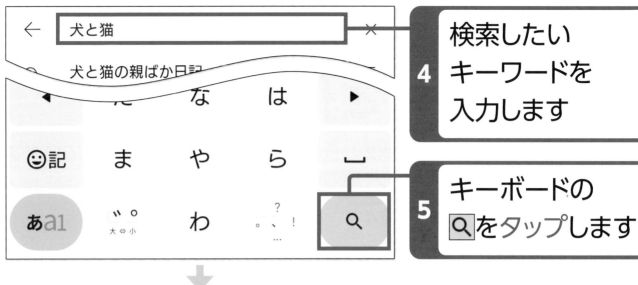

4 検索したい
キーワードを
入力します

5 キーボードの
🔍をタップします

6 検索結果が
表示されます

7 再生したい動画
をタップします

8 動画が
再生されます

おわり

111

Playストアでアプリを探そう

Androidスマートフォンには始めからさまざまなアプリが搭載されていますが、「Playストア」で新たなアプリを探して追加することもできます。

操作に迷ったときは… タップ **24** ページ 入力 **50** ページ

キーワードでアプリを探す

1 ホーム画面またはアプリ画面で[Playストア]をタップします

2 「Playストア」アプリが起動します

3 画面上部の入力欄をタップします

Playストアの利用にはGoogleアカウントが必要です（172～177ページ参照）

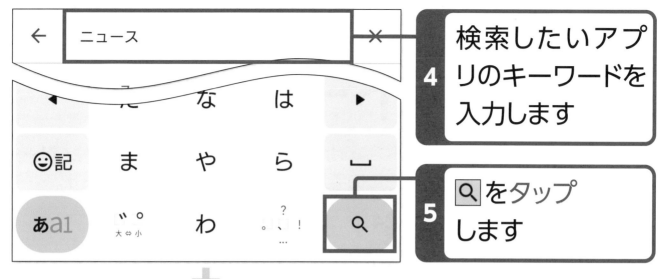

4 検索したいアプリのキーワードを入力します

5 🔍 をタップします

6 キーワードに関連するアプリが表示されます

7 任意のアプリをタップすると、アプリの詳細を確認できます

おわり

Column カテゴリからアプリを探す

手順**2**の画面で画面上部の[カテゴリ]をタップすると、さまざまなカテゴリの中からアプリを探すことができます。

無料のアプリを
インストールしよう

利用したいアプリを見つけたら、Androidスマートフォンに追加（インストール）してみましょう。インストールの手順はかんたんな操作で行えます。

操作に迷ったときは… > タップ **24** ページ

無料のアプリをインストールする

Q アプリやゲームを検...	🎤 🔔 な
おすすめ	ランキング　子供　カテゴリ

スタッフのおすすめをチェック　　　　　　×

Play ストアのスタッフが厳選したおすすめのアプリをご紹介します（随時更新）。

OK

1 112ページ手順2の画面で任意のジャンル（ここでは［ランキング]）をタップします

⬇

おすすめ　　ランキング　　　子供　　　カテゴリ

7　　QR・バーコード スキャナー
ツール・バーコード スキャナ
4.4★

8　LINEマンガ
LINE
マンガ
4.1★　◎ エディターのおすすめ

10　　Yahoo! JAPAN
ニュース＆雑誌・ニュース収集ツール
4.1★

2 無料のアプリがランキングで表示されます

3 インストールしたいアプリをタップします

4 アプリの詳細を確認し、[インストール] をタップします

⚠ 有料アプリの場合はここに金額が表示されます

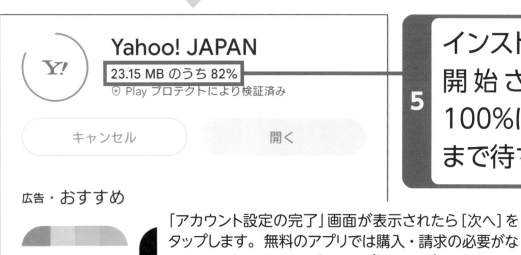

5 インストールが開始されます。100%になるまで待ちます

「アカウント設定の完了」画面が表示されたら [次へ] をタップします。無料のアプリでは購入・請求の必要がないので、次の画面では [スキップ] をタップします

6 インストールが完了します

7 [開く] をタップすると、アプリが起動します

おわり

アプリを更新したり削除したりしよう

インストールしたアプリは、最新の状態にアップデートしたり削除したりすることができます。どちらも「Play ストア」アプリから操作可能です。

操作に迷ったときは… タップ **24** ページ

アプリを更新する

1 ホーム画面またはアプリ画面で[Play ストア]をタップします

2 自分のGoogleアカウントのアイコンをタップします

3 [アプリとデバイスの管理] を
タップします

4 [利用可能なアップデートがあります] を
タップします

⚠ 更新がない場合は「すべてのアプリは最新の状態です」と表示されています

5 [すべて更新] を
タップします

次へ ▶

← 保留中のダウンロード

アプリ（3個）　　　　　　　　　すべてキャンセル

d メニュー
4.5 MB ・ 4.99 MB のうち 93%　　　　　　✕

Google スライド
35 MB ・ 保留中…　　　　　　　　　　　　✕

Google マップ - ナビ、乗換案内
13 MB ・ 保留中…　　　　　　　　　　　　✕

6　更新が
　　開始されます

← 保留中のダウンロード

保留中の更新はありません
すべてのアプリが最新の状態です

更新を確認

7　更新が
　　完了すると、
　　アプリが表示
　　されなくなります

アプリを削除する

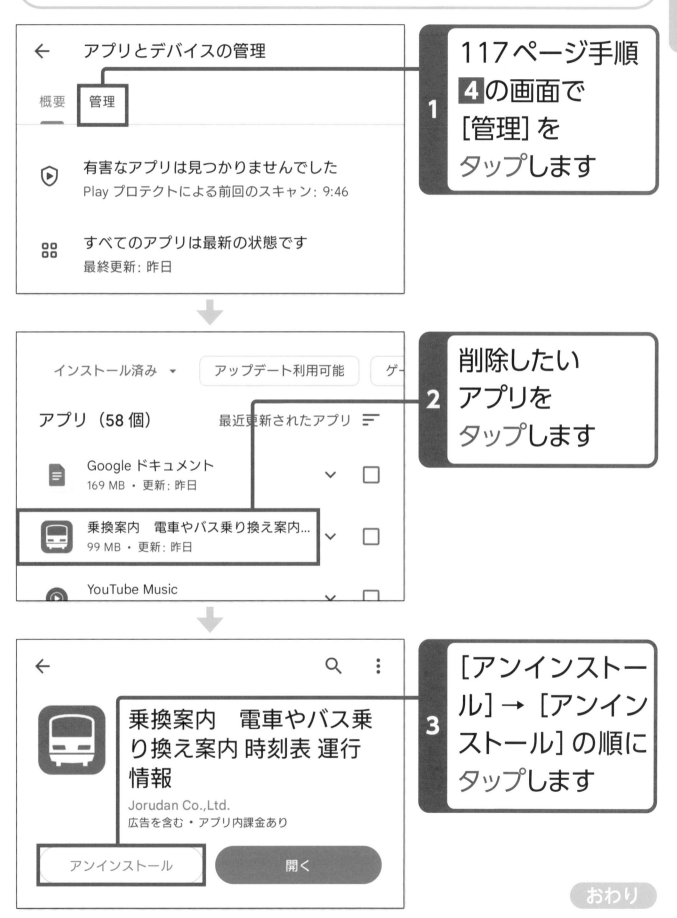

1 117ページ手順 **4**の画面で [管理]を タップします

2 削除したい アプリを タップします

3 [アンインストール]→[アンインストール]の順に タップします

おわり

119

第5章

ライン (LINE) を
楽しもう

「ライン」アプリを使えば、気軽に友だちと連絡を取り合ったり、写真の共有をしたりできるようになります。この章では、ラインの基本的な使い方を解説します。

この章でできるようになること

ラインを使えるようになります！ →122〜127ページ

ラインをインストールして、アカウントの登録をしましょう

メッセージのやり取りができるようになります！ →134〜137ページ

ラインの友だちと文字でのやり取りをする方法を解説します

写真を共有できます！ →138〜141ページ

撮った写真をラインの友だちと共有する方法を解説します

ラインを インストールしよう

ラインでは、家族や友人との交流が無料で楽しめます。始めにラインのアプリを自分のスマートフォンにインストールします（112〜115ページ参照）。

操作に迷ったときは… 　タップ **24**ページ　入力 **50**ページ

ラインをインストールする

1 「Play ストア」を起動したら、検索欄をタップします

⚠ アプリのインストールにはGoogleアカウントの設定が必要です（172〜177ページ参照）

2 「ライン」と入力します

3 キーボードの 🔍 をタップします

4 [LINE（ライン）]をタップします

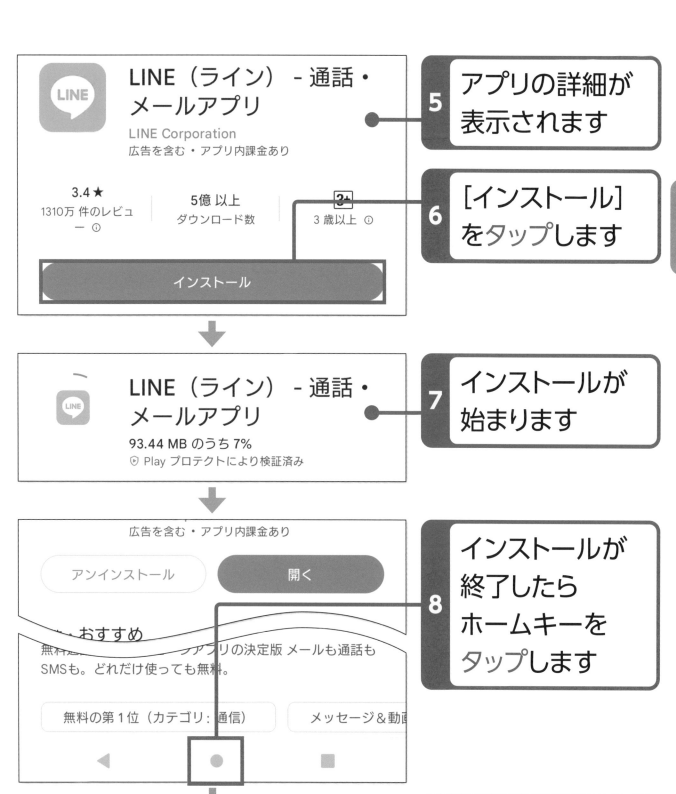

5 アプリの詳細が表示されます

6 ［インストール］をタップします

7 インストールが始まります

8 インストールが終了したらホームキーをタップします

9 ホーム画面に「LINE」のアイコンが表示されます

おわり

アカウントを登録しよう

インストールが完了したら、ラインを利用するために必要なアカウント登録をします。ここでは、電話番号での登録方法を解説します。

操作に迷ったときは… タップ **24** ページ 入力 **50** ページ

電話番号でアカウントを登録する

1 ホーム画面で [LINE] をタップします

LINEへようこそ

無料のメールや音声・ビデオ通話を楽しもう！

ログイン

新規登録

2 [新規登録] をタップします

アクセス許可が出た場合は、[次へ] → [許可] の順にタップします

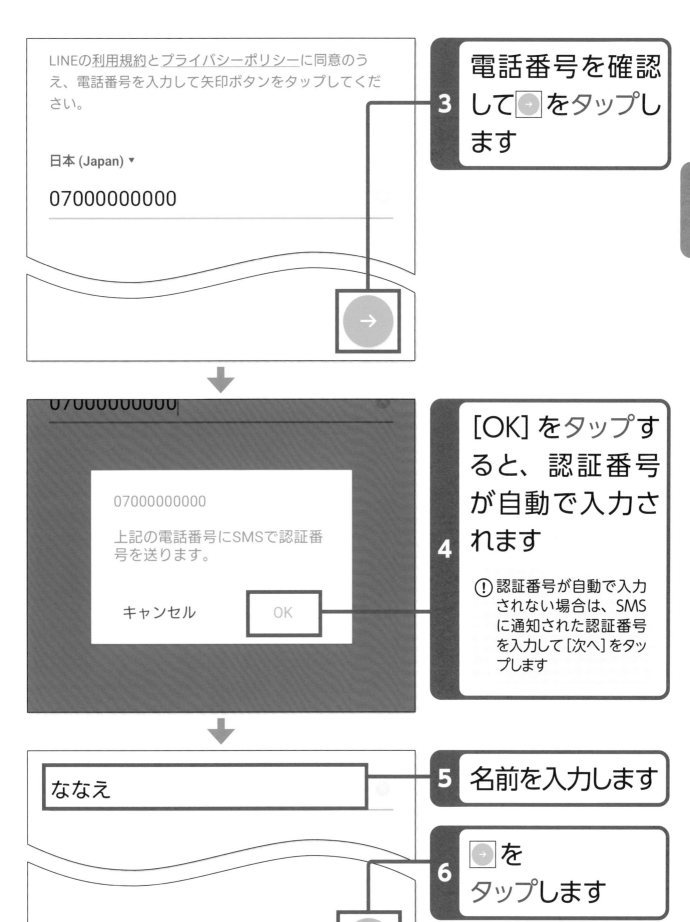

LINEの利用規約とプライバシーポリシーに同意のうえ、電話番号を入力して矢印ボタンをタップしてください。

日本 (Japan) ▼

07000000000

3 電話番号を確認して → をタップします

07000000000

07000000000

上記の電話番号にSMSで認証番号を送ります。

キャンセル　　　　OK

4 [OK] をタップすると、認証番号が自動で入力されます

⚠ 認証番号が自動で入力されない場合は、SMSに通知された認証番号を入力して [次へ] をタップします

ななえ

5 名前を入力します

6 → をタップします

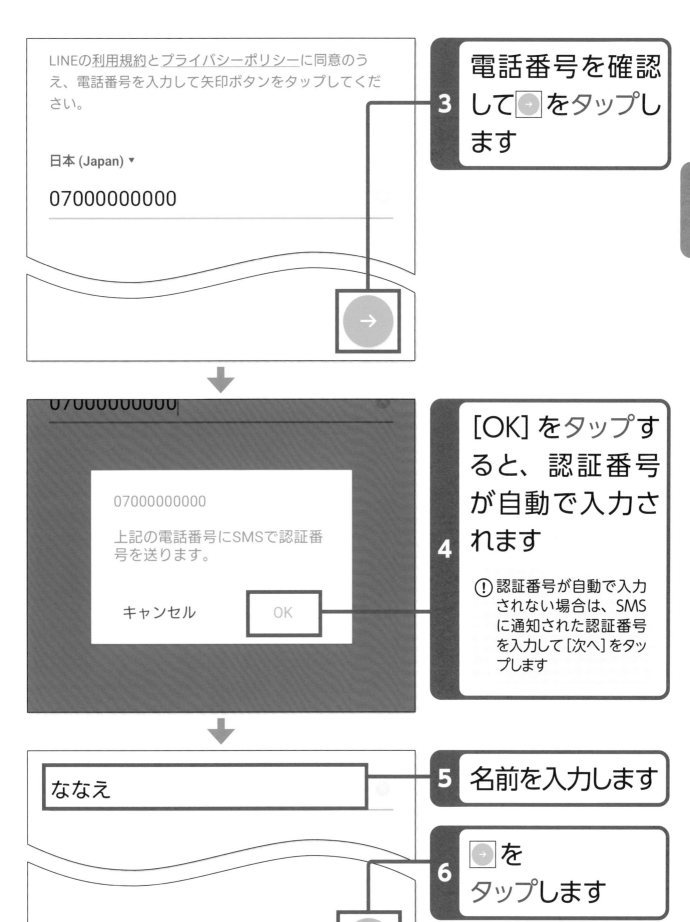

次へ ▶

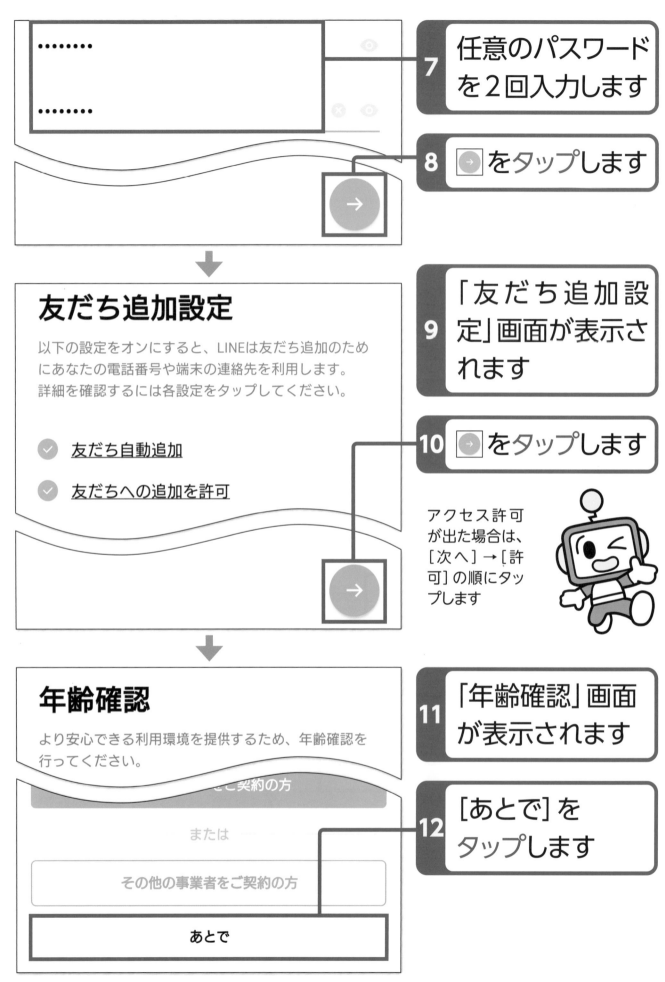

7 任意のパスワードを2回入力します

8 →をタップします

友だち追加設定

以下の設定をオンにすると、LINEは友だち追加のためにあなたの電話番号や端末の連絡先を利用します。
詳細を確認するには各設定をタップしてください。

✓ 友だち自動追加

✓ 友だちへの追加を許可

9 「友だち追加設定」画面が表示されます

10 →をタップします

アクセス許可が出た場合は、[次へ]→[許可]の順にタップします

年齢確認

より安心できる利用環境を提供するため、年齢確認を行ってください。

〜ご契約の方

または

その他の事業者をご契約の方

あとで

11 「年齢確認」画面が表示されます

12 [あとで]をタップします

サービス向上のための情報利用に関するお願い

LINEは不正利用の防止、サービスの提供・開発・改善や広告配信を行うために以下の情報を利用します。 友だちとの~~~~動画な~~~~トーク内容、通話内容は含~~~~
LINE株式会~~~~

同意する

同意しない

サービス向上のための情報利用に関するお願い

~~~~ LINE ~~~~利用に同意する（任意）

OK

🔖　🔔　👤+　⚙️

ななえ
ステータスメッセージを入力

🎵 BGMを設定

🔍 プレミアムスタンプ ＞

友だちリスト

名前はあとから変更できます（130ページ参照）

友だちを追加
友だちを追加してトークを始めよう。　＞

グループ作成
グループを作ってみんなでトークしよう。　＞

---

13 「サービス向上のための情報利用に関するお願い」画面が表示されます

14 [同意する]をタップします

15 続けて [OK] をタップします
⚠️ 位置情報やBluetoothへのアクセス許可が出た場合は許可します

16 登録が完了しました
⚠️ 連絡先や通知のアクセス許可が出た場合は任意で設定します

おわり

ラインを起動しよう

ラインのアプリは、ホーム画面でアイコンをタップするだけで起動します。
ホームキーをタップまたはアプリ履歴から消去するとラインを終了できます。

操作に迷ったときは… > タップ **24** ページ

ラインを起動する

1 ホーム画面で
[LINE] を
タップします

2 ラインが
起動しました

ここでは「ホーム」画面が表示さ
れていますが、起動後には、前
回最後に表示していた画面が表
示されます

ラインの画面を確認する

Android版のラインでは、画面の下部にあるメニューをタップすることで、画面が切り替わります。

❶ ホーム
友だちやグループなどの一覧がカテゴリごとに表示されます。また、新しい友だちを追加できます。

❷ トーク
トークルームの一覧が表示されます。

❸ VOOM
自分や友だちが投稿した動画が表示され、さまざまなコンテンツを楽しめます。

❹ ニュース
芸能やスポーツなどのネットニュースがジャンルごとに表示されます。

❺ ウォレット
「LINE Pay」や「LINE ポイント」などの各種サービスが表示されます。キャッシュレス決済や友だちどうしでの送金ができます。

おわり

Column **カテゴリを表示する**

「ホーム」画面に表示されている、「友だちリスト」や「サービス」といった項目名の右側にある [すべて見る] をタップすると、項目の内容を一覧で表示することができます。

プロフィールを設定しよう

ラインを使って友だちとトークを始める前に、友だちが名前や写真を見て「あなた」だとわかるようにプロフィールの設定をします。

操作に迷ったときは… > タップ **24** ページ ドラッグ **27** ページ 入力 **50** ページ

名前を変更する

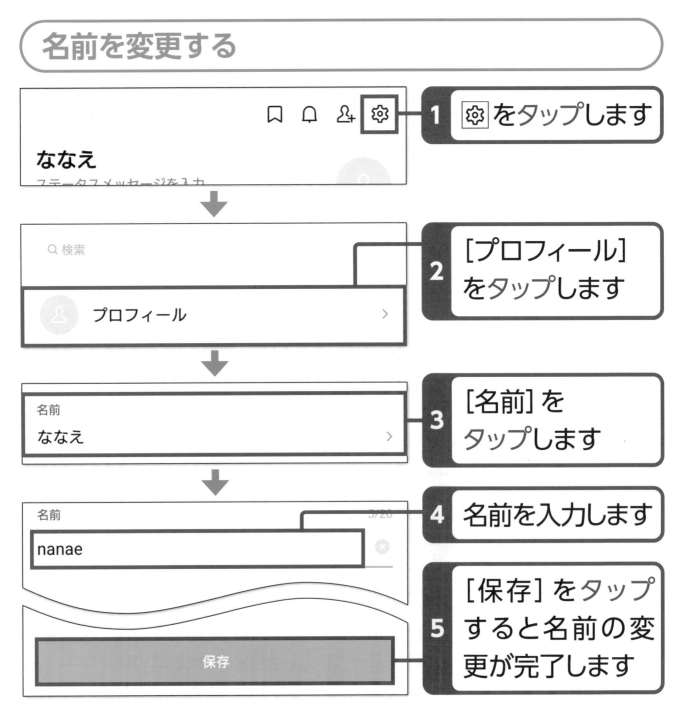

1 🔘 をタップします

2 [プロフィール]をタップします

3 [名前]をタップします

4 名前を入力します

5 [保存]をタップすると名前の変更が完了します

プロフィール写真を設定する

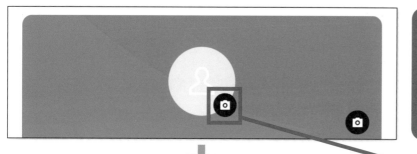

1 130ページを参考にプロフィール画面を表示します

2 をタップします

電話番号
+81 70

カメラで撮影

写真または動画を選択

3 ここでは[写真または動画を選択]をタップし、写真を選択します

> ①アクセス許可が出た場合は[許可]をタップします

4 ┓をドラッグし、表示範囲を調整します

5 [次へ]→[完了]の順にタップします

6 写真がプロフィールに反映されます

おわり

友だちを追加しよう

ラインに登録している人どうしで「友だち」になることができます。友だちになると「トーク」のやり取りができるようになります。

操作に迷ったときは… タップ **24** ページ

QRコードで友だちを追加する

nanae
ステータスメッセージを入力

♫ BGMを設定

Q プレミアムスタンプ ＞

友だちリスト　　　　　　　　　　　すべて見る

1 「ホーム」画面を表示します（129ページ参照）

2 🧑‍➕ をタップします

〈　友だち追加　　　　　　　　　　　⚙

＋　　　　　🔳　　　　　Q
招待　　　　QRコード　　　検索

友だち自動追加 オン
設定を変更 ＞

グループを作成
友だちとグループを作成します。

おすすめ公式アカウント 2　　　　　すべて見る

PRIKIL

3 [QRコード] をタップします

許可画面が表示されたら
[許可] を2回タップします

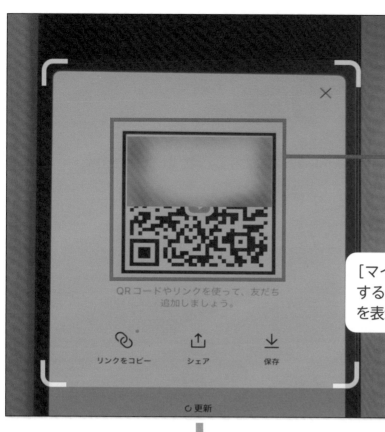

カメラが起動するので、友だちに追加したい人のQRコードを写します **4**

[マイQRコード]をタップすると、自分のQRコードを表示できます

友だちの名前が表示されたら[追加]をタップします **5**

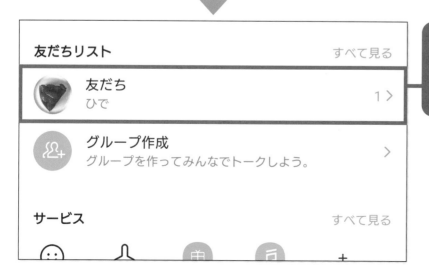

友だちが追加されました **6**

おわり

メッセージを送信しよう

ラインでは、友だちと「トーク」と呼ばれる形式で会話をすることができます。ここでは、友だちとトークをする方法を解説します。

操作に迷ったときは… > タップ **24** ページ 入力 **50** ページ

友だちとトークする

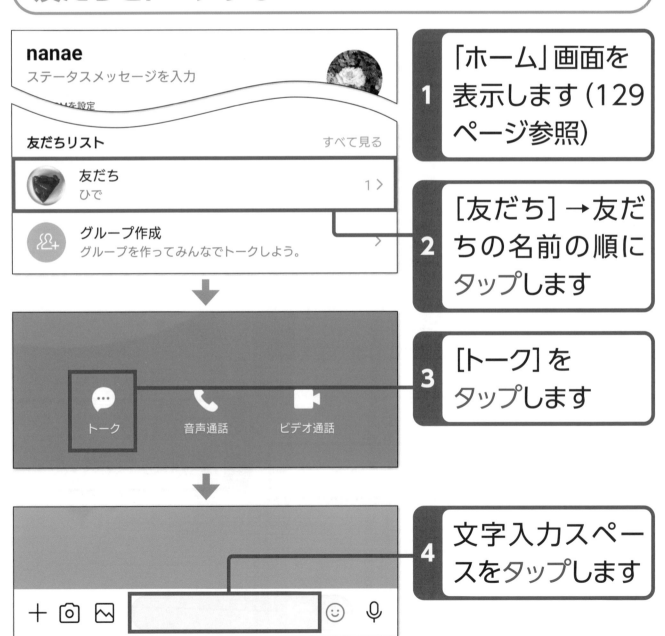

1 「ホーム」画面を表示します（129ページ参照）

2 [友だち] → 友だちの名前の順にタップします

3 [トーク] をタップします

4 文字入力スペースをタップします

5 キーボードが
表示されるので、
送りたい内容を
入力します

6 ▶を
タップします

< ひで　　　　　　　　　　🔍 📞 ≡

今日

17:12　こんにちは！

7 送信できました

おわり

Column　スタンプを送信する

ラインでは、「スタンプ」と呼ばれるイラストを送り合って気軽な交流を楽しめます。文章を打つよりも短時間で感覚的にやり取りできます。トークルームで☺→送りたいスタンプを２回タップすると、スタンプが送信できます。なお、スタンプは「ホーム」画面の「サービス」一覧に表示されている「スタンプ」から購入できます。

メッセージに返信しよう

スマートフォンがスリープ中のときにメッセージを受信すると、ロック画面に通知内容が表示されます。

操作に迷ったときは… > タップ **24** ページ 入力 **50** ページ

通知からトークルームを開いて返信する

1 スリープ中にラインにメッセージが届くと、通知が表示されます

2 通知を2回タップします

3 トークルームが表示されます

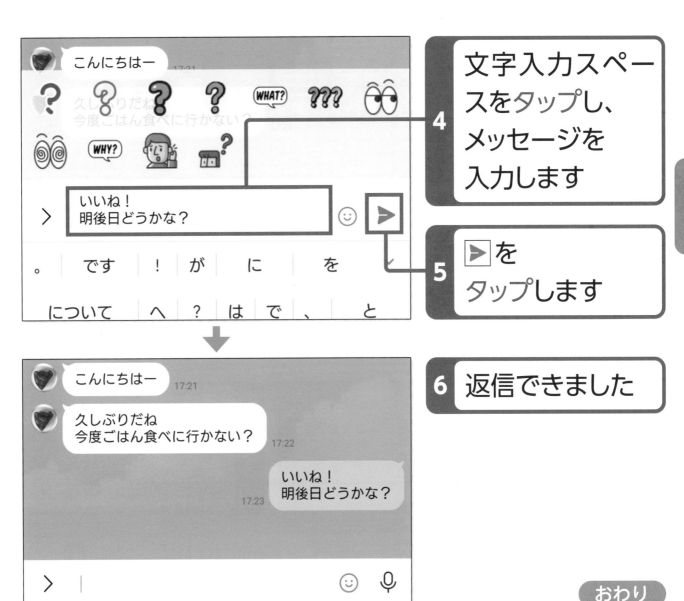

4 文字入力スペースをタップし、メッセージを入力します

5 ▶を
タップします

6 返信できました

おわり

Column メッセージが読まれると既読が付く

トークをしている友だちがメッセージを読むと「既読」と表示されます。その下に表示されている時間は友だちにメッセージを送った時間です。

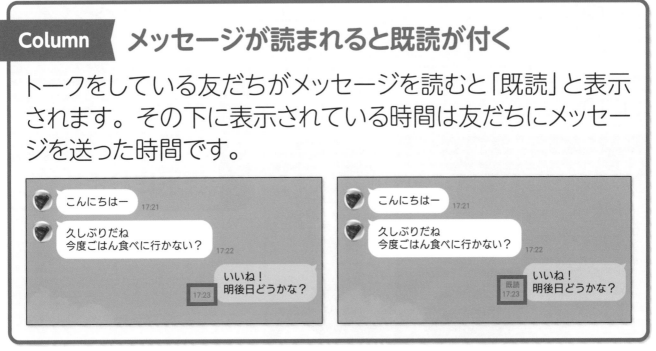

写真を送信しよう

ラインのトークでは、友だちに写真を送ることもできます。友だちとお気に入りの写真を共有しましょう。

操作に迷ったときは… ＞ タップ **24** ページ

端末上に保存されている写真を送信する

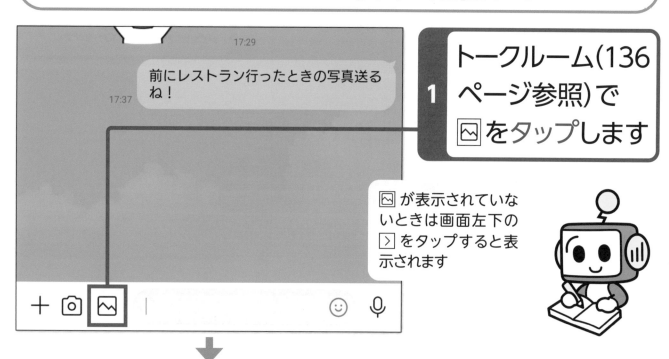

1 トークルーム(136ページ参照)で🖼をタップします

🖼 が表示されていないときは画面左下の ＞ をタップすると表示されます

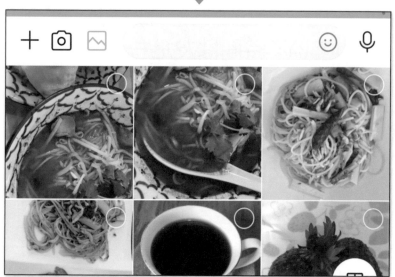

2 端末上に保存されている写真が表示されます

17:29

前にレストラン行ったときの写真送る
ね！

17:37

ORIGINAL　　　　　1件選択中　　　　▶

3 送信したい
写真の◯を
タップします

4 ▶を
タップします

17:29

前にレストラン行ったときの写真送る
ね！

17:37

17:41

5 写真が送信され
ました

友だちから送られてきた写真は、
写真をタップし、拡大表示させた
画面で⬇をタップすることで、ス
マートフォンに保存できます

おわり

139

アルバムを作って
写真を共有しよう

友だちと複数枚の写真をまとめてやり取りをするときは、アルバムを作りましょう。複数枚の写真を一度に共有することができて便利です。

操作に迷ったときは… タップ **24** ページ 入力 **50** ページ

アルバムを作成する

1 トークルーム(136ページ参照)で ☰ をタップします

2 [アルバム] をタップします

3 [アルバムを作成] をタップします

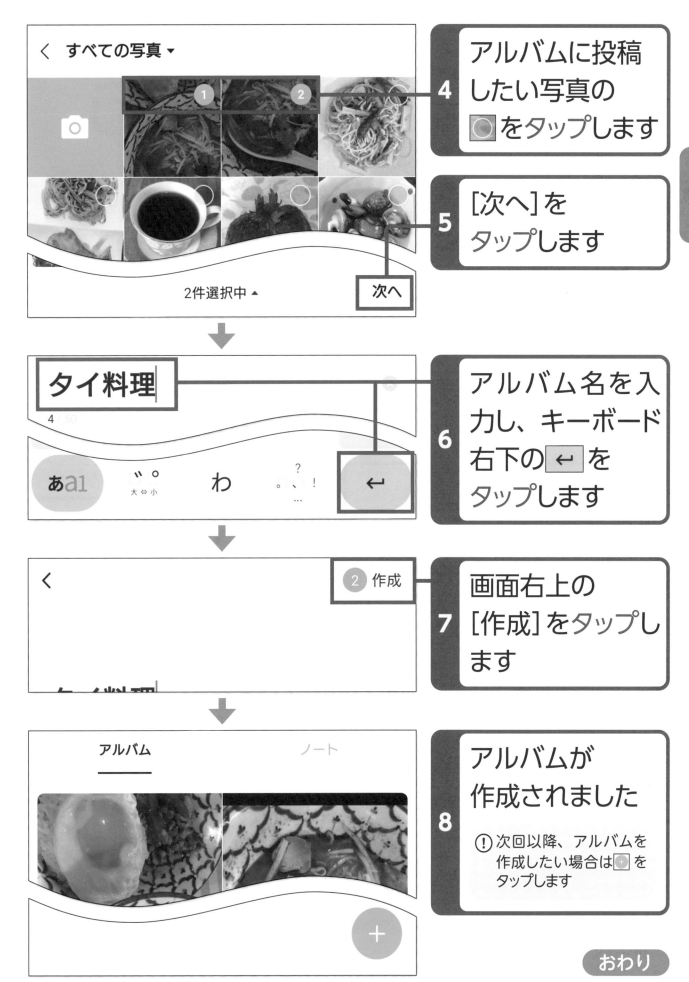

< すべての写真 ▼

2件選択中 ▲　　　次へ

4 アルバムに投稿したい写真の◉をタップします

5 [次へ]をタップします

タイ料理

4 / 50

あa1　　　わ　　　←

6 アルバム名を入力し、キーボード右下の← をタップします

<　　　　　　　2 作成

7 画面右上の[作成]をタップします

アルバム　　　　　ノート

8 アルバムが作成されました

! 次回以降、アルバムを作成したい場合は⊞をタップします

おわり

ラインで
ビデオ通話をしよう

ラインでは、無料で音声通話やビデオ通話を使用し、相手とコミュニケーションを取ることができます。

操作に迷ったときは…　タップ　**24**ページ

ビデオ通話をする

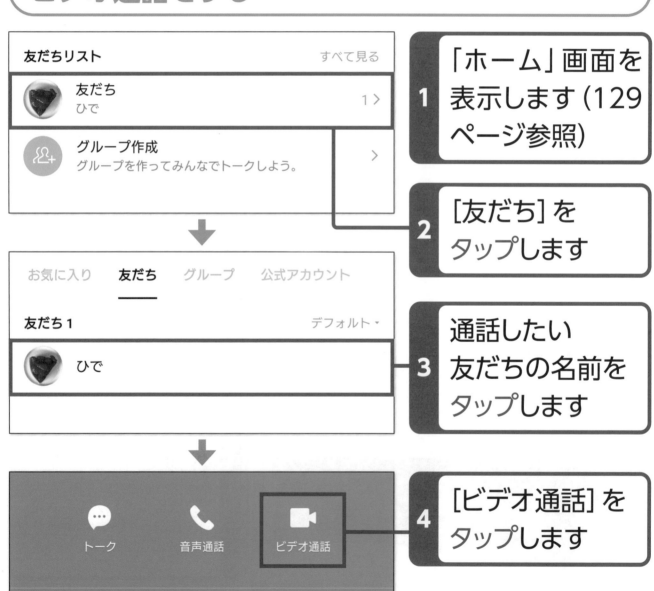

友だちリスト	すべて見る
友だち ひで	1 >
グループ作成 グループを作ってみんなでトークしよう。	>

1 「ホーム」画面を表示します（129ページ参照）

お気に入り　**友だち**　グループ　公式アカウント

友だち1	デフォルト ▾
ひで	

2 [友だち] をタップします

3 通話したい友だちの名前をタップします

トーク　音声通話　ビデオ通話

LINE VOOM投稿　>

4 [ビデオ通話] をタップします

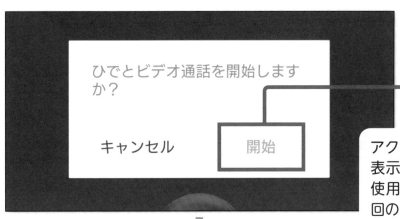

5 [開始]を
タップします

アクセスの許可画面が
表示されたら[アプリの
使用時のみ]または[今
回のみ]をタップします

6 相手に
発信されます

7 相手が応答する
と、ビデオ通話
が開始されます

8 通話を終了する
ときは、×を
タップします

おわり

第6章

覚えておきたい便利技

公共の場所でマナーモードにしたいときや、Wi-Fiに接続したいときなど、Androidスマートフォンを便利に使うために覚えておきたいことをこの章では解説します。

この章でできるようになること

Wi-Fiに接続できます！　→146〜149ページ

Wi-Fiに接続して、通信やインターネットを楽しみましょう

画面や音の設定ができます！　→150〜161ページ

画面を固定したり、マナーモードにしたりと、スマートフォンを使いやすくカスタマイズしましょう

🔊 **音設定**
オーディオ、着信音、サイレントモード

🔆 **画面設定**
明るさのレベル、スリープ、フォントサイズ

通話を保留にしたりミュートにしたりできます！　→162〜163ページ

通話中の画面をより便利に使いこなしましょう

Wi-Fiに接続しよう

通常スマートフォンでは、携帯電話の電波を利用して通信やインターネットに接続しますが、それとは別に、Wi-Fi通信を利用することもできます。

操作に迷ったときは… > タップ **24** ページ　入力 **50** ページ　ステータスバー **151** ページ

Wi-Fiとは

Wi-Fiは無線通信の一種で、家庭内や外出先でコードレスでインターネットに接続することができます。Wi-Fiでの通信は携帯電話のパケット使用量に含まれないので、通信料金を節約することができます。

家庭内では、インターネット回線とルーターが必要で、外出先ではモバイルルーターや公衆無線LANが利用できる環境が必要です。接続するには、説明書やサイトなどからパスワードなどを確認します。

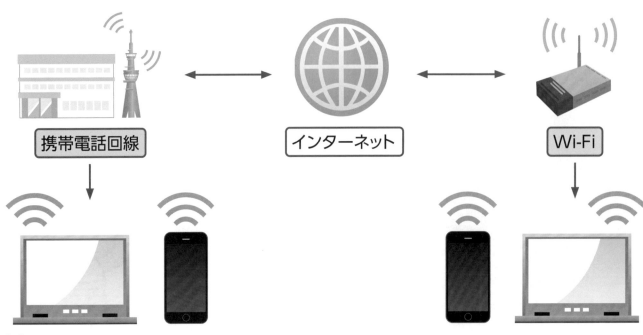

携帯電話回線　インターネット　Wi-Fi

Wi-Fiに接続する

1 ホーム画面またはアプリ画面で[設定]をタップします

Q 設定を検索

📶 **ネットワークとインターネット**
モバイル、Wi-Fi、アクセス ポイント

🖥️ **機器接続**
Bluetooth、Android Auto、NFC

2 [ネットワークとインターネット]をタップします

⚠️ 機種によっては[接続]をタップします

ネットワークとインタ ーネット

📶 **インターネット**
NTT DOCOMO

☎️ **通話と SMS**
NTT DOCOMO

3 [インターネット]をタップします

次へ ▶

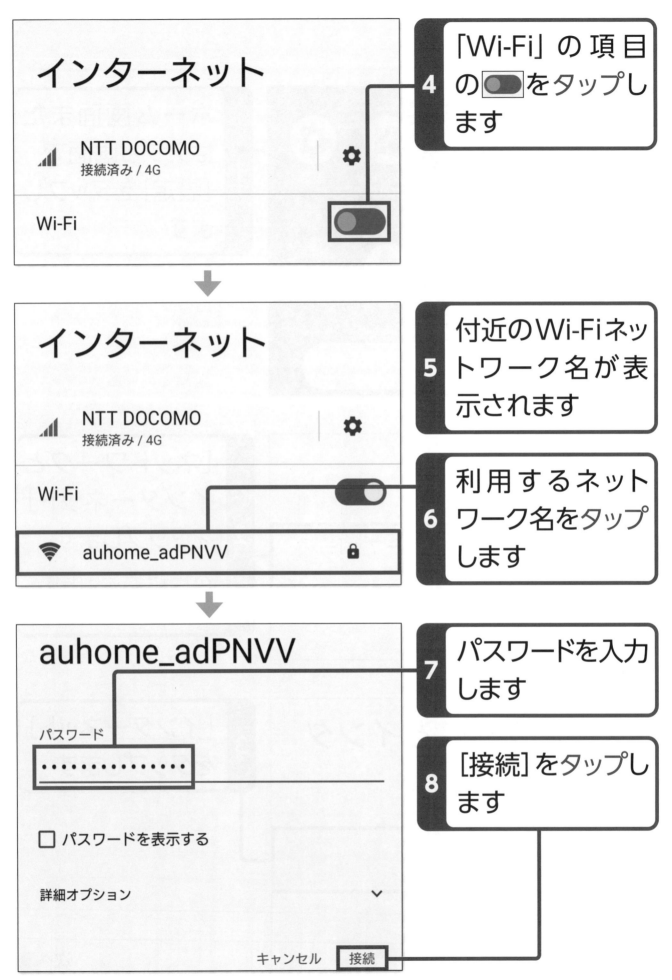

インターネット

NTT DOCOMO
接続済み / 4G

Wi-Fi

4 「Wi-Fi」の項目の🔘をタップします

インターネット

NTT DOCOMO
接続済み / 4G

Wi-Fi

auhome_adPNVV

5 付近のWi-Fiネットワーク名が表示されます

6 利用するネットワーク名をタップします

auhome_adPNVV

パスワード
....

☐ パスワードを表示する

詳細オプション

キャンセル　接続

7 パスワードを入力します

8 [接続]をタップします

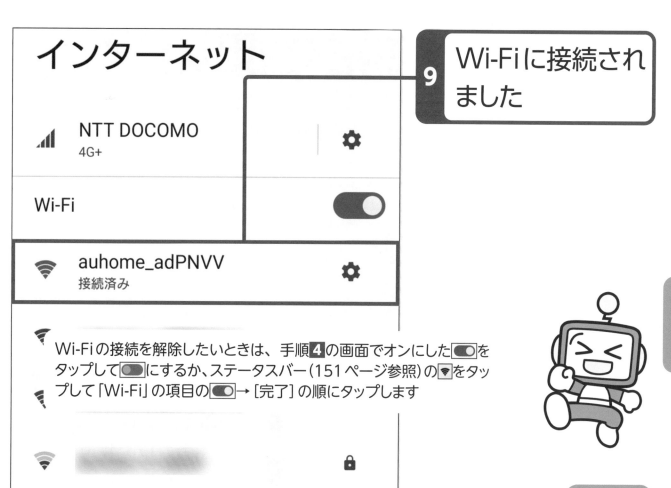

インターネット

9 Wi-Fiに接続されました

📶 NTT DOCOMO
4G+ ⚙️

Wi-Fi 🔘

📶 auhome_adPNVV
接続済み ⚙️

Wi-Fiの接続を解除したいときは、手順**4**の画面でオンにした🔘をタップして🔘にするか、ステータスバー（151ページ参照）の📶をタップして「Wi-Fi」の項目の🔘→［完了］の順にタップします

🔒

おわり

Column スポットWi-Fi

カフェや駅、公共施設などの外出先で、無線の高速インターネットを利用できる公衆無線LANサービスのことを、スポットWi-Fiと呼びます。携帯電話会社が契約者向けにサービスを無料で提供していたり、施設が接続用パスワードを掲示していたりと、利用できるWi-Fiの種類や場所はさまざまです。

接続方法はそれぞれのサービスによって異なります。中にはWi-Fiを利用するために事前に会員登録や申し込みが必要な場合もあります。Wi-Fiを提供している会社のホームページや施設内の掲示物をよく確認して接続作業をしましょう。

通知機能を使いやす
く設定しよう

電話の着信やメールが届いたとき、通知が表示されます。通知の種類はいくつかあり、アプリごとに通知のオン／オフを設定することができます。

操作に迷ったときは… ＞ タップ **24** ページ ドラッグ **27** ページ タッチ **27** ページ

通知の種類

❶ ポップアップ通知
画面を操作中のときは、通知がポップアップで表示されます。

❷ ステータス通知
ステータスバーに通知を知らせるアイコンが表示されます。

❸ アイコンバッジ
アプリアイコンに数字が表示されます。

ステータスバーで通知方法を変更する

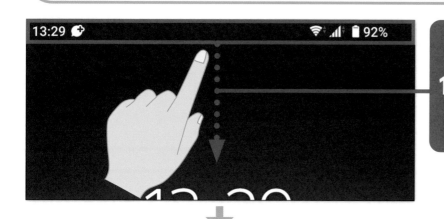

1 ステータスバーを下方向にドラッグします

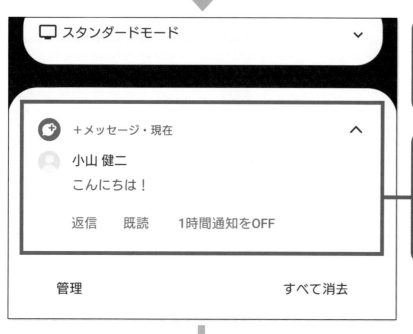

2 通知パネルが表示されます

3 通知をオフにしたいアプリの通知をタッチします

4 [通知をOFFにする]をタップします

5 このアプリからの通知がオフになりました

次へ ▶

アプリごとに通知方法を変更する

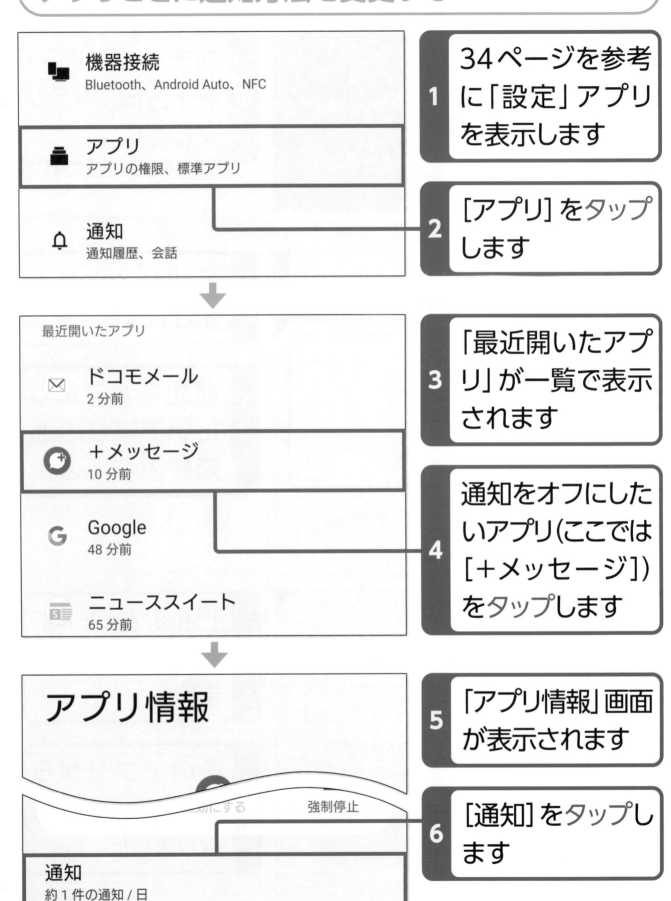

機器接続
Bluetooth、Android Auto、NFC

アプリ
アプリの権限、標準アプリ

通知
通知履歴、会話

1 34ページを参考に「設定」アプリを表示します

2 [アプリ]をタップします

最近開いたアプリ

ドコモメール
2 分前

＋メッセージ
10 分前

Google
48 分前

ニューススイート
65 分前

3 「最近開いたアプリ」が一覧で表示されます

4 通知をオフにしたいアプリ（ここでは[＋メッセージ]）をタップします

アプリ情報

無効にする　　　　強制停止

通知
約 1 件の通知 / 日

5 「アプリ情報」画面が表示されます

6 [通知]をタップします

通知をオフにすると、そのアプリのポップアップ通知・ステータス通知・アイコンバッジの表示がなくなります。アプリによっては通知をオフにしてもアイコンバッジが表示されるものもあります

＋メッセージ

＋メッセージ

＋メッセージ のすべての通知

ⓘ

選択された設定に基づき、このアプリの通知はこのデバイスに表示されません

8 「＋メッセージ」アプリからの通知がオフになります

①アプリによっては通知がオフにできないものもあります

おわり

マナーモードに設定しよう

マナーモードはバイブレーションがオン／オフの2つのモードがあります。
なお、動画や音楽などの音声は消音にできないので、注意が必要です。

操作に迷ったときは… > 各部名称 **16** ページ ／ タップ **24** ページ ／ ステータスバー **151** ページ

音量キーでマナーモードを設定する

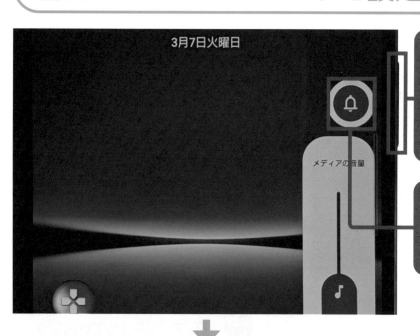

1 本体の側面にある音量キーを押します

2 🔔→🔇の順にタップします

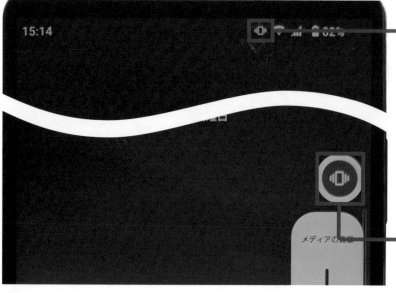

3 バイブレーションがオンのマナーモードになりました

4 📳→🔇の順にタップします

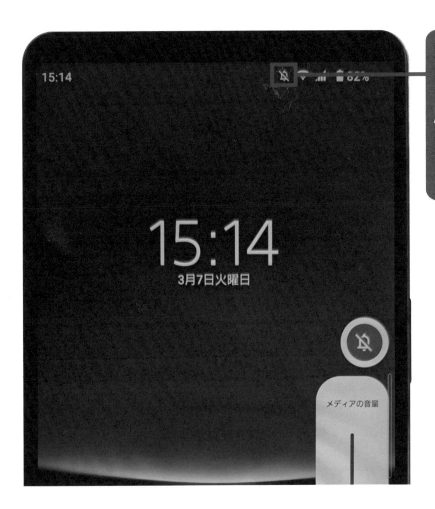

5 バイブレーションがオフのマナーモードになりました

機種によっては、マナーモードのオン／オフを切り替えるだけの場合もあります

おわり

Column ステータスバーでマナーモードに変更する

ステータスバーからもマナーモードを設定することができます。151ページを参考に通知パネルを表示させると、サウンドのアイコン（ここでは 🔔）が表示されます。アイコンをタップすると、マナーモードを変更することができます。

セキュリティロックを設定しよう

セキュリティロックを設定することで、ほかの人に使用されることを防止できます。ここでは「ロックNo.」を設定します。

操作に迷ったときは… タップ **24** ページ 入力 **50** ページ

画面のセキュリティロックを設定する

✝	**ユーザー補助** スクリーンリーダー、表示、操作
🔒	**セキュリティ** 指紋設定
👁	**プライバシー** 権限、アカウント アクティビティ、個人データ

1 34ページを参考に「設定」アプリを表示します

2 [セキュリティ] をタップします

デバイスのセキュリティ
画面のロック スワイプ

3 [画面のロック] をタップします

⠿	**パターン**
⠿	**ロックNo.**
***	**パスワード**

4 [ロックNo.] をタップします

⚠ 「指紋認証」などのロック方法もあります

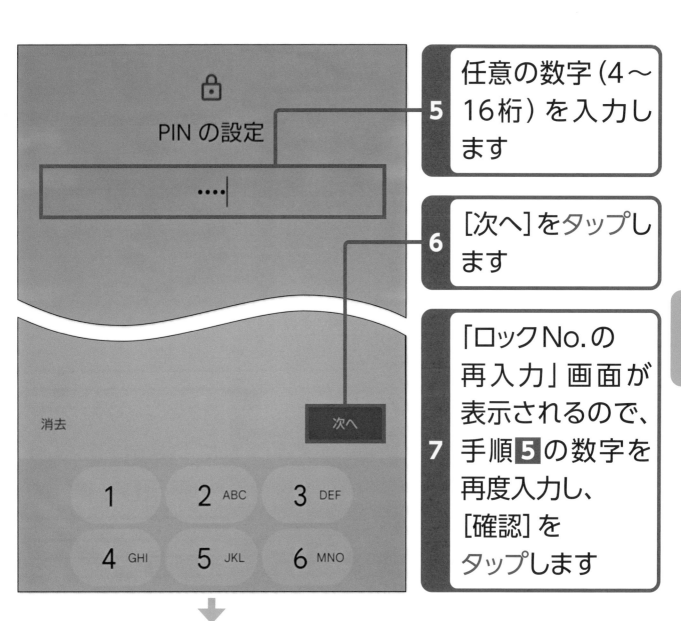

5 任意の数字（4〜16桁）を入力します

6 ［次へ］をタップします

7 「ロックNo.の再入力」画面が表示されるので、手順**5**の数字を再度入力し、［確認］をタップします

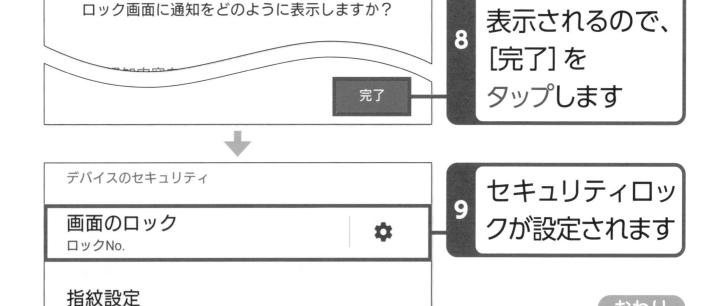

8 「通知」画面が表示されるので、［完了］をタップします

9 セキュリティロックが設定されます

おわり

スリープまでの時間を変更しよう

スマートフォンをしばらく操作していないと画面が暗くなり、スリープ状態になります。使用目的に合わせてスリープまでの時間を変更してみましょう。

操作に迷ったときは… スリープモード **23** ページ タップ **24** ページ

スリープまでの時間を変更する

■ ストレージ
使用済み 13% - 空き容量 223 GB

🔊 音設定
オーディオ、着信音、サイレントモード

◐ 画面設定
明るさのレベル、スリープ、フォントサイズ

▭ 外観
操作性や画面表示アイテムをカスタマイズ

1 34ページを参考に「設定」アプリを表示します

2 [画面設定]をタップします

① 機種によっては[ディスプレイ]をタップします

← 画面設定

ディスプレイのロック

ロック画面
時計、通知、アンビエント表示(Always-on display)

画面消灯
無操作状態で1分後に画面消灯します

3 [画面消灯]をタップします

画面消灯

○ 15 秒

○ 30 秒

 1 分

○ 2 分

○ 5 分

○ 10 分

4 任意の時間をタップします

ここでは2分間操作をしないとスリープ状態になるように設定をします

← 画面設定

ディスプレイのロック

ロック画面
時計、通知、アンビエント表示(Always-on display)

画面消灯
無操作状態で2分後に画面消灯します

画面の操作

画面の自動回転

サイドセンス

片手モード

5 スリープまでの時間が変更されました

おわり

画面が自動で回転しないようにしよう

画面の操作中や、ウェブページ閲覧中などに画面が勝手に回転してしまうときは、「画面の自動回転」をオフにしておきましょう。

操作に迷ったときは… ▷ タップ **24** ページ ステータスバー **151** ページ

画面の自動回転をオフにする

🔊 **音設定** オーディオ、着信音、サイレントモード	
◑ **画面設定** 明るさのレベル、スリープ、フォントサイズ	
▭ **外観** 操作性や画面表示アイテムをカスタマイズ	

1 34ページを参考に「設定」アプリを表示します

2 [画面設定]をタップします

↓

← 画面設定

ロック画面
時計、通知、アンビエント表示(Always-on display)

画面の操作

画面の自動回転

サイドセンス

3 「画面設定」画面が表示されます

4 「画面の自動回転」の ⬤ をタップします

160

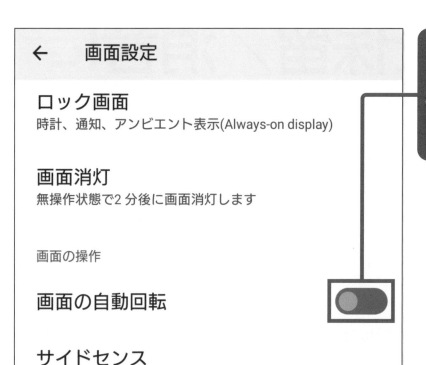

5 画面の自動回転がオフになりました

おわり

Column **ステータスバーで自動回転をオフにする**

画面の自動回転の設定は、ステータスバーからも行えます。151ページを参考に通知パネルを表示させると、自動回転のアイコン（ここでは ⟳）が表示されます。アイコンをタップすると、自動回転をオフにできます。

電話を保留／消音にしよう

スマートフォンは、通話中も画面の操作をすることができます。ここでは、通話中に便利な保留機能を紹介します。

操作に迷ったときは… > タップ **24** ページ　電話 **42** ページ

通話中に電話を保留にする

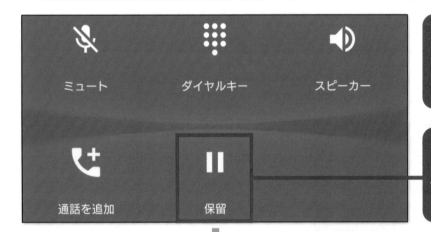

1 通話中の画面を表示します

2 [保留]をタップします

携帯 090-0000-0000

3 電話が保留になり、保留音が再生されます

[保留]をもう一度タップすると保留が解除されます

通話中に電話を消音（ミュート）にする

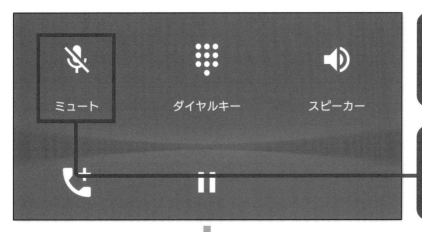

1 通話中に画面を表示します

2 [ミュート] をタップします

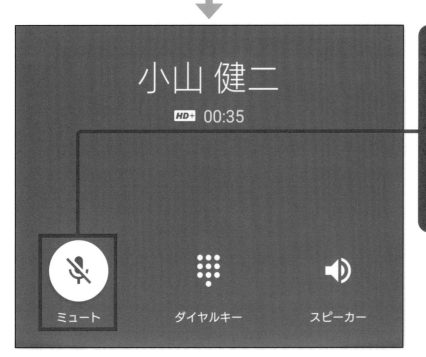

3 電話が消音（ミュート）になり、こちらからの音が聞こえなくなります

おわり

Column ドコモの保留

ドコモのスマートフォンを使用している場合、月額使用料220円（税込）の「キャッチホン」サービスを申し込むことで保留機能を利用することができます。
「キャッチホン」サービスの詳しい内容は、ドコモのサービスページ (https://www.docomo.ne.jp/service/catch_phone/) を参照してください。

プロバイダーや会社のメールを利用しよう

プロバイダーや会社のメールを利用したい場合は、「Gmail」アプリを利用して、メールアドレスを登録しましょう。

操作に迷ったときは…

| タップ | **24** ページ | 入力 | **50** ページ |

設定に必要な情報

スマートフォンで会社などのメールを利用したい場合は、メールアカウントの設定が必要です。設定には、メールアドレスやパスワードのほか、受信サーバーや送信サーバーなどのサーバー情報も必要になります。これらの情報を事前に確認しておきましょう。

● **メールアドレス**
利用しているメールアドレスです

● **パスワード**
メールアドレスに設定したパスワードです

● **ユーザー名**
メールアドレスなどです

● **送受信の方式**
メールサービスの方式には、「POP方式」と「IMAP方式」があります

● 受信サーバー情報
サーバー名(「pop.(ドメイン名)」)、ポート番号を入力します

● 送信サーバー情報
サーバー名(「smtp.(ドメイン名)」)、ポート番号を入力します

利用できるメールアプリ

● Gmail

M

メールのセットアップ

G   Google

O   Outlook、Hotmail、Live

✉   Yahoo

E   Exchange と Office 365

✉   その他

1 「受信トレイ」画面の≡→[設定]→[アカウントを追加する]の順にタップします

2 利用しているプロバイダーまたは[その他]をタップしてアカウントの設定を行います

次へ ▶

メールを設定する

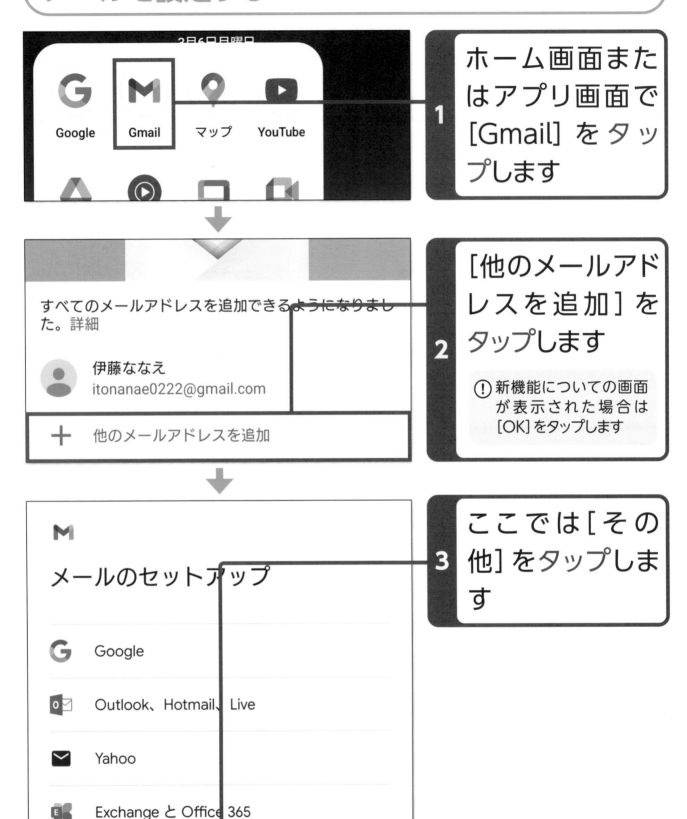

1	ホーム画面またはアプリ画面で[Gmail]をタップします
2	[他のメールアドレスを追加]をタップします ⚠ 新機能についての画面が表示された場合は[OK]をタップします
3	ここでは[その他]をタップします

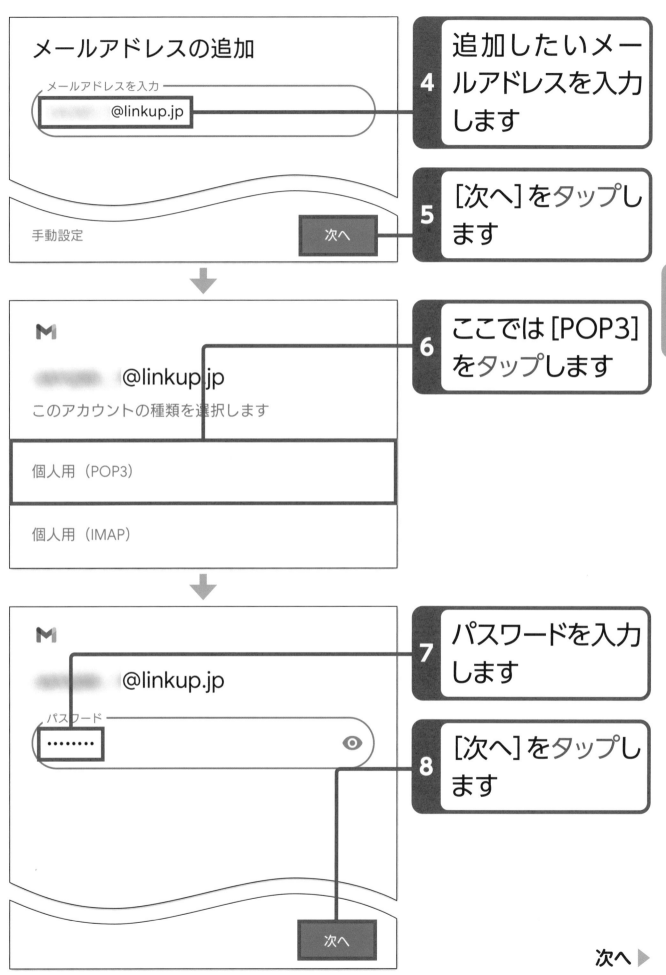

メールアドレスの追加

メールアドレスを入力

　　　＠linkup.jp

手動設定　　　　　　　　　　　　次へ

4 追加したいメールアドレスを入力します

5 [次へ]をタップします

M

　　　＠linkup.jp

このアカウントの種類を選択します

個人用（POP3）

個人用（IMAP）

6 ここでは[POP3]をタップします

M

　　　＠linkup.jp

パスワード

・・・・・・・・　　　　　　　　　　👁

次へ

7 パスワードを入力します

8 [次へ]をタップします

次へ ▶

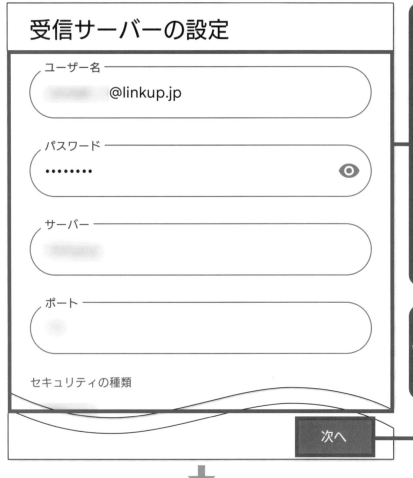

受信サーバーの設定

ユーザー名
@linkup.jp

パスワード
•••••••• 👁

サーバー

ポート

セキュリティの種類

次へ

9 「ユーザー名」「パスワード」「POP3サーバー」の名称や「ポート」「セキュリティの種類」などを設定します

10 [次へ]をタップします

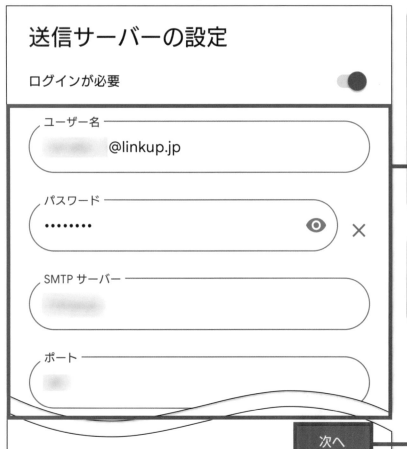

送信サーバーの設定

ログインが必要

ユーザー名
@linkup.jp

パスワード
•••••••• 👁 ✕

SMTP サーバー

ポート

次へ

11 「SMTPサーバー」の名称や「ポート」「セキュリティの種類」などを設定します

12 [次へ]をタップします

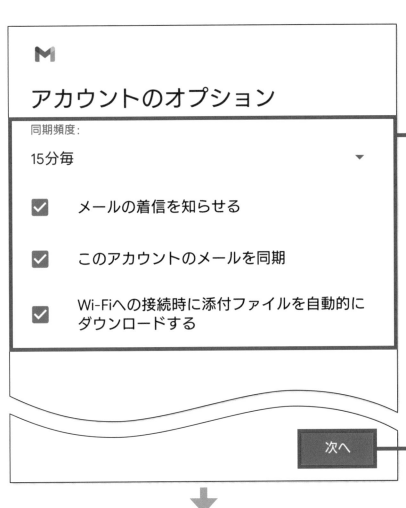

M

アカウントのオプション

同期頻度：

15分毎 ▼

☑ メールの着信を知らせる

☑ このアカウントのメールを同期

☑ Wi-Fiへの接続時に添付ファイルを自動的に
ダウンロードする

次へ

13 同期頻度や有効にしたい項目を設定します

14 [次へ]をタップします

M

アカウントの設定が完了しました。

アカウント名（省略可）
⬛⬛⬛⬛@linkup.jp

名前

送信メールに表示されます

次へ

15 任意でアカウント名や名前を変更します

16 [次へ]をタップするとメールアドレスが追加されます

おわり

スマートフォンを再起動しよう

Androidスマートフォンが操作できなくなったり、画面が反応しなくなったりしてしまったときは、端末を再起動してみましょう。

操作に迷ったときは… > 各部名称 **16** ページ タップ **24** ページ

スマートフォンを再起動する

1 本体の音量キーの上部と電源キー／画面ロックキーを押します

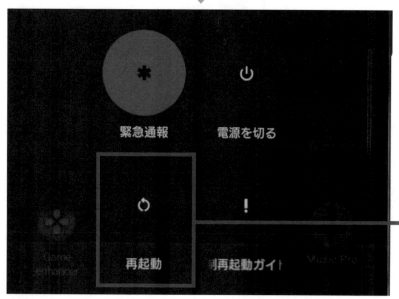

2 [再起動] をタップします

スマートフォンを強制再起動する

画面が動かなくなったときは、本体ボタンを利用して電源を切り、再起動させます。

● Xperia

> 音量キーの上部と電源キーを同時に1回振動するまで長押しします。電源がオフになり、自動的に再起動します

● Galaxy

> 音量キーの下部と電源キーを同時に7秒以上長押しします。電源がオフになり、自動的に再起動します

● AQUOS

> 電源キーを8秒以上、振動するまで長押しします。電源がオフになるので、通常の操作と同様に電源をオンにします

● Google Pixel

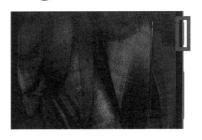

> 電源キーを30秒ほど長押しします。電源がオフになり、自動的に再起動します

おわり

Googleアカウントを設定する 付録1

Androidスマートフォンでアプリをインストールしたり、Gmail
を利用したりする場合は、Googleアカウントの取得が必要です。
Googleアカウントを作成して、Androidスマートフォンに設定
しましょう。

1 ホーム画面または
アプリ画面で [設定] を
タップします

2 [パスワードとアカウント]
をタップします

＊	**緊急情報と緊急通報** 緊急SOS、医療情報、アラート
⚙	**ドコモのサービス/クラウド** dアカウント設定、ドコモアプリ管理
👥	**パスワードとアカウント** 保存されているパスワード、自動入力、同期され ているアカウント
⚲	**Digital Wellbeing と保護者による使 用制限** 利用時間、アプリタイマー、おやすみ時間のスケ ジュール
G	**Google** サービスと設定

3 [アカウントを追加] を
タップします

d	docomo docomo
＋	アカウントを追加
	アプリデータを自動的に同期する ⬤ アプリにデータの自動更新を許可します

4 [Google] を
タップします

アカウントの追加

d	docomo
M	Exchange
G	Google
🎥	Meet
XPERIA	Xperia
M	個人用（IMAP）
M	個人用（POP3）
➕	＋メッセージ

5 [アカウントを作成] をタップします

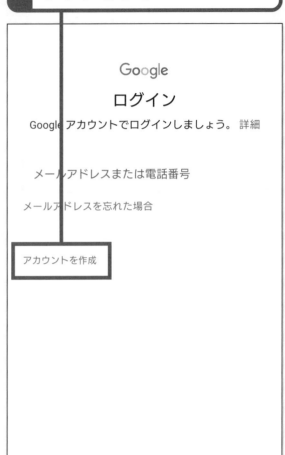

Column

作成済みのGoogleアカウントがある場合

作成済みのGoogleアカウントがある場合は、手順**5**の画面でメールアドレスまたは電話番号を入力して、[次へ] をタップします。次の画面でパスワードを入力すると「ようこそ」画面が表示されるので、[同意する] をタップします。

6 [自分用] をタップします

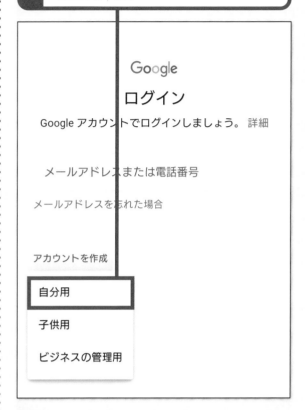

7 名前を入力し、[次へ] をタップします

次へ ▶

8 生年月日を入力し、性別を設定したら、[次へ]をタップします

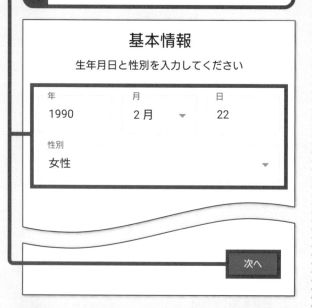

基本情報

生年月日と性別を入力してください

年	月	日
1990	2月 ▼	22

性別

女性 ▼

次へ

9 [自分でGmailアドレスを作成]をタップし、メールアドレス(Gmail)を入力して、[次へ]をタップします

Gmail アドレスの選択

Gmail アドレスを選択するか、独自のアドレスを作成することができます

○ jk1096637@gmail.com

○ kij32901@gmail.com

◉ 自分で Gmail アドレスを作成

Gmail アドレスを作成
itonanae0222   @gmail.com

半角英字、数字、ピリオドを使用できます

次へ

10 Googleアカウントに使用したいパスワードを入力し、[次へ]をタップします

Google

安全なパスワードの作成

半角アルファベット、数字、記号を組み合わせてパスワードを作成します

パスワード
••••••••

☐ パスワードを表示する

次へ

11 電話番号の追加を求める画面が表示されるので、画面を上方向にスワイプします

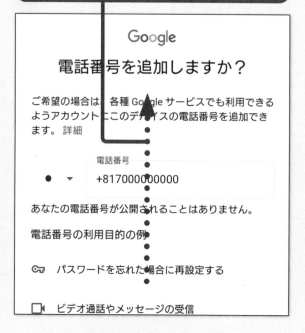

Google

電話番号を追加しますか？

ご希望の場合は、各種 Google サービスでも利用できるようアカウントにこのデバイスの電話番号を追加できます。詳細

電話番号
● ▼ +817000000000

あなたの電話番号が公開されることはありません。

電話番号の利用目的の例

☞ パスワードを忘れた場合に再設定する

▢ ビデオ通話やメッセージの受信

12 [はい、追加します] をタップします

```
連性を高める

仕組み

📱  Google は SMS を利用して、この番号がご本人の
    ものであることを確認します（通信料が発生する
    場合があります）

✈  Google では、アカウントを最新の状態に保つた
    め、SMS を利用したり（通信料が発生する場合
    があります）、あなたのデバイス情報をご利用の
    携帯通信会社と共有することにより、あなたの電
    話番号を時宜に応じて確認します

🔄  今後、このデバイスで確認された電話番号がすべ
    て Google アカウントに追加されます

設定はご自身で管理いただけます

🔧  電話番号については、Google アカウント
    （account.google.com/phone）で、いつでも変
    更や削除をしたり、使用方法を変更したりできま
    す

その他の設定

スキップ                              はい、追加します
```

Column

電話番号を
追加しない場合

電話番号を追加しない場合は、
[その他の設定] → [いいえ、
電話番号を追加しません] →
[完了] の順にタップします。

13 利用規約が表示されるので、画面を上方向にスワイプして内容を確認します

```
                    Google

        プライバシー ポリシーと利用規約

Google アカウントを作成するには、下記の利用規約へ
の同意が必要です。

Google Play 利用規約に同意すると、アプリの検索
や管理を行えるようになります。

また、アカウントを作成する際は、Google の
プライバシー ポリシーと
日本向けのプライバシーに関するお知らせに記載され
ている内容に沿って、ユーザーの情報が処理されま
す。次の重要な点をご確認ください。

お客様が Google を利用した場合に Google が処理
するデータ

  • Google アカウントを設定する際に、登録した名
    前、メールアドレス、電話番号などの情報が
```

14 [同意する] をタップします

```
たとえば検索や YouTube を利用した際に得られるユー
ザーの興味や関心の情報に基づいて広告を表示した
り、膨大な検索クエリから収集したデータを使用して
スペル訂正モデルを構築し、すべてのサービスで使用
したりすることがあります。

設定はご自身で管理いただけます

アカウントの設定に応じて、このデータの一部はご利
用の Google アカウントに関連付けられることがありま
す。Google はこのデータを個人情報として取り扱いま
す。Google がこのデータを収集して使用する方法は、
下の [その他の設定] で管理できます。設定の変更や同
意の取り消しは、アカウント情報
（myaccount.google.com）でいつでも行えます。

その他の設定 ⌄

                                    同意する
```

次へ ▶

15 登録完了画面が表示されたら、[次へ]を タップします

Google

アカウント情報の確認

このメールアドレスまたは携帯電話番号は、後ほ どログインに使用できます

な 伊藤ななえ
itonanae0222@gmail.com

再設定用の携帯電話番号
070-0000-0000

次へ

16 「Googleサービス」画面 が表示されます。 必要のないサービスは ◯ をタップして オフ ◯ にします

バックアップとストレージ

☁ デバイスの基本バックアップ ∨ の使用　　　　　　　　　　　　 ●

データの復元やデバイスの切り替え がいつでも簡単にできます。バック アップ対象には、アプリ、アプリデ ータ、通話履歴、連絡先、デバイス の設定（Wi-Fi のパスワードや権限な ど）、SMS や MMS のメッセージが 含まれます。

バックアップは安全に暗号化され、 Google にアップロードされます。一 部のデータについては、デバイスの 画面ロック用の PIN、パターン、パ スワードを使用して暗号化が強化さ れます。

17 画面を上方向にスワイプ し、[同意する]をタップ します

ータ、通話履歴、連絡先、デバイス の設定（Wi-Fi のパスワードや権限な ど）、SMS や MMS のメッセージが 含まれます。

バックアップは安全に暗号化され、 Google にアップロードされます。一 部のデータについては、デバイスの 画面ロック用の PIN、パターン、パ スワードを使用して暗号化が強化さ れます。

[同意する] をタップすると、この Google サービス の設定の選択内容を確認したことになります。

同意する

18 Googleアカウントが 登録されました。 Googleアカウントを タップします

自動入力サービス

G Google　　　　　　　　　　　 ⚙

所有者のアカウント

G itonanae0222@gmail.com
Google

d docomo
docomo

＋ アカウントを追加

アプリデータを自動的に同期する ●
アプリにデータの自動更新を許可します

19 [アカウントの同期] を
タップします

Google

G

itonanae0222@gmail.com

Google アカウント
情報、セキュリティ、カスタマイズ

⟳ アカウントの同期
10 件中 9 件のアイテムで同期が ON

アカウントを削除

20 Google アカウントと
同期されているアプリが
確認できます。特定の
アプリの同期をオフに
したい場合は、 をタップします

アカウントの同期

G

itonanae0222@gmail.com
Google

Gmail
最終同期日時: 2023年2月22日 12:56

Google Play ムービー＆ TV
最終同期日時: 2023年2月22日 12:56

Google カレンダー

21 同期がオフ になります

アカウントの同期

G

itonanae0222@gmail.com
Google

Gmail
最終同期日時: 2023年2月22日 12:56

Google Play ムービー＆ TV
同期OFF

Google カレンダー
最終同期日時: 2023年2月22日 12:56

カレンダー
同期OFF

カレンダーの ToDo リスト
最終同期日時: 2023年2月22日 12:56

Column

Googleアカウントを
端末から削除する

手順**19**の画面で[アカウントを
削除]をタップすると、
Googleアカウントを削除する
ことができます。なお、この
操作ではGoogleアカウント
が端末から削除されるだけ
で、Googleアカウント自体
は削除されません。

おわり

177

キャリア別サービス、メールを利用する　付録2

●ドコモで利用できるサービス

ドコモでは、便利な機能やサービス、ドコモ独自のアプリなどを提供しています。用途に合わせて、ドコモのサービスやアプリを活用してみましょう。

ドコモのサービスを利用するためには、ドコモの回線契約と「dアカウント」が必要です。dアカウントとは、NTTドコモが提供しているさまざまなサービスを利用するためのIDで、店舗での買い物やネットショッピングなどで「dポイント」を貯めることができきます。

dマーケット

docomo Wi-Fi

あんしん遠隔サポート

my daiz

●dアカウントを設定する

端末に「dアカウント」を設定しましょう。dアカウントを取得していない場合は、手順**2**の画面で[新たにdアカウントを作成]をタップして、画面の指示に従ってアカウントを作成します。

1 アプリ画面で[設定]をタップし、[ドコモのサービス/クラウド] → [dアカウント設定] の順にタップします

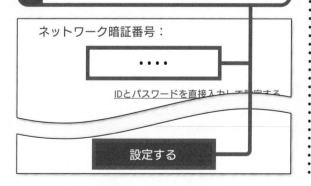

← ドコモのサービス/クラウド

dアカウント設定
ドコモアプリで利用するdアカウントを設定します
（Wi-Fi接続時の利用も含む）

2 [ご利用中のdアカウントを設定]をタップします

ご利用中のdアカウントを設定

新たにdアカウントを作成

3 ネットワーク暗証番号を入力し、[設定する]をタップします

ネットワーク暗証番号：

　　　 ・・・・

IDとパスワードを直接入力して設定する

設定する

4 生体認証の[設定しない]をタップし、[OK]をタップします

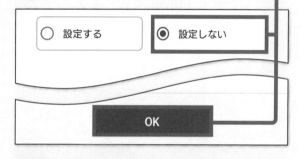

○ 設定する　　　◉ 設定しない

OK

5 「今すぐ実行」が選択されていることを確認し、[進む]をタップします

今すぐ実行　　　　◉

後で自動インストール　　○

← 戻る　　　　→ 進む

6 dアカウントの設定が完了します

ID

xperia51c

設定電話番号：07000000000

次へ ▶

●ドコモメールを利用するには

ドコモメール（@docomo.ne.jp）は、NTTドコモが提供するメールサービスです。利用には、NTTドコモの回線契約が必要です。ドコモが販売するスマートフォンでは、専用の「ドコモメール」アプリから利用します。また、ドコモの回線契約があり、dアカウントを取得済みであれば、ほかのメールアプリやスマートフォンからも利用できます。

1 ホーム画面またはアプリ画面で［ドコモメール］をタップします

2 アクセス許可を求められるので、［次へ］をタップします

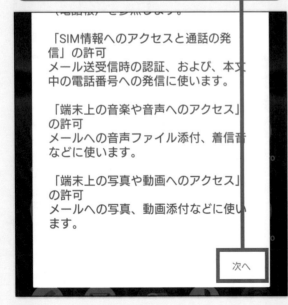

3 ［許可］を4回タップします

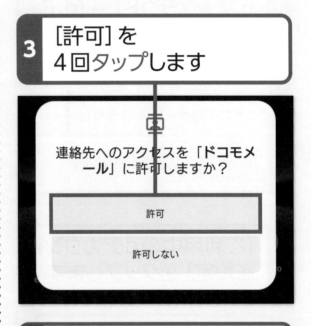

4 「アプリケーションプライバシーポリシー」画面の内容を確認し、［利用開始］をタップします

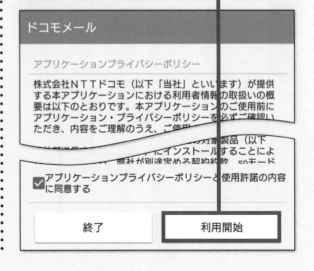

5 「ドコモメールアプリ更新情報」画面が表示されたら、[閉じる]をタップします

ドコモメールアプリ更新情報

閉じる

6 「文字サイズ設定」画面が表示されたら、使用したい文字サイズをタップし、[OK]をタップします

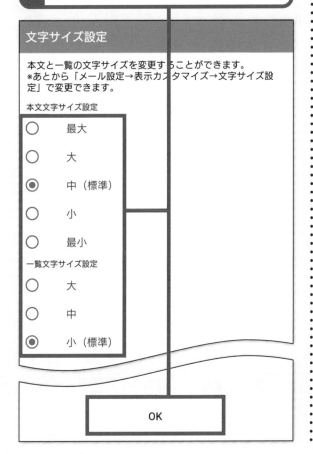

文字サイズ設定

本文と一覧の文字サイズを変更することができます。
※あとから「メール設定→表示カスタマイズ→文字サイズ設定」で変更できます。

本文文字サイズ設定

○ 最大
○ 大
◉ 中（標準）
○ 小
○ 最小

一覧文字サイズ設定

○ 大
○ 中
◉ 小（標準）

OK

7 「フォルダー一覧」画面が表示され、ドコモメールが利用できるようになります

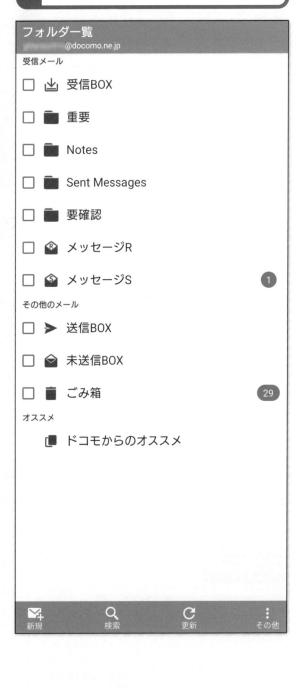

フォルダー一覧

@docomo.ne.jp

受信メール

☐ 📥 受信BOX
☐ 📁 重要
☐ 📁 Notes
☐ 📁 Sent Messages
☐ 📁 要確認
☐ ® メッセージR
☐ Ⓢ メッセージS　　　1
その他のメール
☐ ➤ 送信BOX
☐ ✉ 未送信BOX
☐ 🗑 ごみ箱　　　29
オススメ
　 📱 ドコモからのオススメ

新規　　検索　　更新　　その他

おわり

●auで利用できるサービス

auでは、スマートフォンユーザー向けにauスマートパスアプリを提供しています。auスマートパスアプリでは、便利で楽しい情報を見ることができるほか、ウェブコンテンツ、コンビニやファストフード、全国の飲食店で利用できるクーポンなどのサービスがあります。また、500種類以上のアプリが使い放題になるため、有料アプリも気軽に試すことができます。

また、auのサービスを利用するのに必要な「au ID」を登録しておくと、「My au」で利用料金を確認したり、サービスの申し込みをしたりできるほか、「auかんたん決済」や「auスマートパスプレミアム」を利用することができます。

	au使い方サポート	auスマートパスプレミアム
通常料金 （月額）	590円（税抜）	499円（税抜）
サービス内容	スマートフォンやタブレットといった端末の設定方法などを、アドバイザーがメッセージや電話でわかりやすく説明してくれるサービスです。利用できるアプリや機器の使い方まで幅広いサポートを受けられます。	音楽の聞き放題サービスを始め、映画やカラオケ、ショッピング、まんが、飲食店などを毎日お得に利用できます。故障したスマートフォンからデータを復旧してくれるサポートなども受けられます。

My au

auスマートパスプレミアム

●auスマートパスアプリを利用する

auスマートパスアプリを利用するためには、auの回線契約と「au ID」の取得が必要です。au IDとは、auのサービスやアプリを便利に利用するためのIDです。

1 アプリ画面で[au スマートパス]をタップします

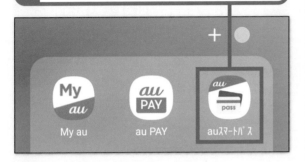

2 アクセス許可を求められるので、[許可]をタップします

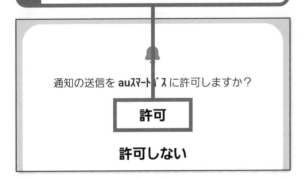

3 利用規約を確認し、[同意する]をタップします

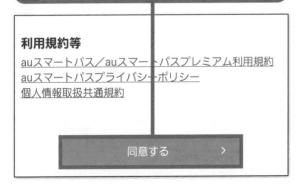

4 「初期設定」画面が表示されるので、[スキップ]をタップします

5 [次へすすむ] → [アプリの使用時のみ]または[今回のみ]の順にタップします

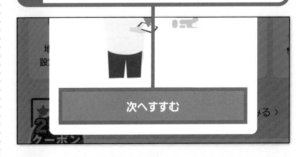

6 auスマートパスアプリが利用できるようになります

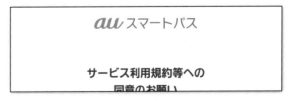

次へ ▶

●auメールを利用するには

auメール (@au.com) を利用するためには、auの回線契約と
au IDが必要なほか、IS NETコースまたは月額300円のLTE
NETへの加入が必要です。

1 ホーム画面または
アプリ画面で[auメール]
をタップします

2 アクセス許可を求められ
るので、[許可] をタップ
します

通知の送信を **auメール** に許可しますか？

許可

許可しない

3 利用規約が表示される
ので、画面を上方向にス
ワイプし、[同意する] を
タップします

■送信先
- KDDI株式会社
- KDDI株式会社（業務委託先：Supership株
  式会社）
- Google.inc
- Microsoft Corporation

より詳細なアプリケーションプライバシーポリシ
ーを こちら でご覧いただけます。

同意しない　　　　　　同意する　　　＞

4 アクセス許可を求める
画面が表示されるので、
[次へ]をタップします

auメールに必要な許可のお願い

auメールアプリのご利用には、
SMS、電話、連絡先へのアクセスを
許可いただく必要があります。
「次へ」ボタンを押した後、「許
可」を選択してください。

[SMS]
メール自動受信
[電話]
auメールアプリの初期設定
[連絡先]
アドレス帳引用
アドレス帳登録名表示

アプリ終了　　次へ

5 [許可] を
3回タップします

連絡先へのアクセスを「auメール」に許可しますか?

許可

許可しない

6 バックグラウンドでの
アクセスの許可を求められたら、[OK] → [許可]
の順にタップします

本アプリは、お客様の現在の設定ではリアルタイム受信ができない状態となっております。
新着メールの通知、リアルタイム受信で本アプリをご利用いただく場合は、「OK」を押した後、バックグラウンド通信を許可してください。

OK

7 モバイルデータ通信についての確認が表示されるので、[OK] を
タップします

モバイルネットワークのデータ通信が発生しますが、よろしいですか?
(モバイルネットワークのデータ通信設定がONになっていることをご確認ください。)

キャンセル　OK

8 メールの設定が完了します。[OK] をタップします

設定完了しました。
お客様のアドレスは
　　　　　　　　@au.com です。

OK

9 メールデータの復元についての画面が表示されたら、[SKIP] または [復元する] をタップします

は「復元する」をタップしてください。

バックアップされていない方はSKIPをタップしてください。

※メールデータの復元は、[Eメール設定] > [バックアップ・復元] からいつでも実施できます。

SKIP　復元する

10 auメールの画面が
表示されます

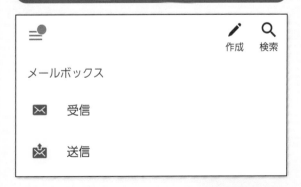

作成　検索

メールボックス

✉　受信

📤　送信

おわり

●ソフトバンクで利用できるサービス

「My SoftBank」に登録すると、スマートフォンの利用状況の確認やソフトバンクが提供するさまざまなサービスを受けることができます。

とく放題

アニメ放題

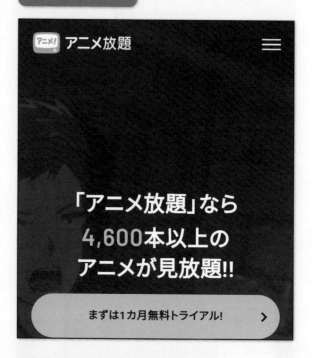

ブック放題

あんしん保証パック

●My SoftBankを利用する

ソフトバンクのサービスを利用するためには、ソフトバンクの回線契約と「My SoftBank」への会員登録が必要です。ソフトバンクの回線契約が済んでいれば、My SoftBankには自動でログインできます。

1 147〜149ページを参考にWi-Fiをオフにして、アプリ画面で[My SoftBank]をタップします

2 [はじめる]をタップします

3 [Wi-FiをOFFにしてログイン]をタップします

4 My SoftBankの画面が表示されます。バージョンによっては、画面が異なります

Column

利用料金を確認する

手順**4**のMy SoftBankの画面で右上の[メニュー]☰をタップし、[料金・支払い管理]をタップすると、直近の請求情報を確認できます。

次へ▶

●SoftBankメール（ソフトバンクメール）を利用するには

SoftBankメール（@softbank.ne.jp）を利用するためには、ソフトバンクの回線契約とインストールが必要です。

1 112～115ページを参考に「SoftBankメール」をインストールし、アプリ画面で［メール］をタップします

2 アクセス許可を求められるので、［許可］をタップします

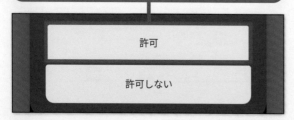

3 メッセージアプリの変更を求められます。ここでは［キャンセル］→［OK］の順にタップします

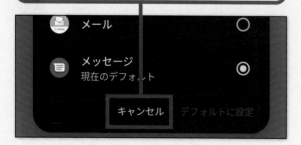

4 アクセス許可を求められるので、［許可］を3回タップします

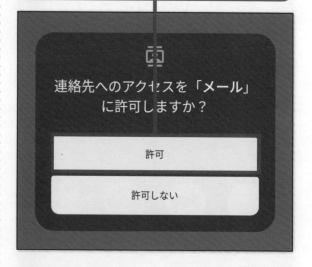

5 アップデートのお知らせが表示された場合は［OK］をタップします

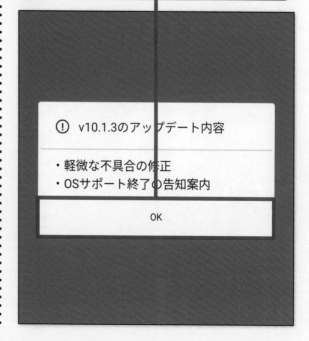

6 「お知らせ」画面が表示されたら [OK] をタップします

> ① お知らせ
>
> メール本文への広告表示には通信料が発生します。
> 広告表示は設定によりOFFにすることができます。
>
> <u>広告表示設定画面へ</u>
>
> OK

7 「Wi-Fi接続設定」画面が表示されたら、ここでは [後で設定] → [OK] → [あとで] の順にタップします

> ① Wi-Fi接続設定
>
> Wi-Fi接続によるS!メールの送受信を行うための設定
>
> ※Wi-Fi接続でのメール送受信には契約者固有IDを用います。
> 詳細につきましては、<u>利用規約</u>をご覧ください。
> ※設定には通信料がかかります。
> ※設定には通信環境によっては時間がかかる場合があります。
> ※優先的にWi-Fi接続によりメールの送受信を行いますが通信環境によっては3G/4Gによりメールの送受信を行います。
>
> 後で設定 　　　 今すぐ設定

8 SoftBankメールが利用できるようになります

> スレッド一覧
>
> メッセージがありません

Column

メールアドレスを確認する

手順**8**の画面で [設定] をタップし、[電話番号・メールアドレス] → [My SoftBankへ移動] の順にタップします。My SoftBankの [メールの設定] をタップし、「メールアドレス」の [確認・変更] をタップしてパスワードを入力し、[本人確認する] をタップすると、現在のメールアドレスを確認できます。

おわり

INDEX 索引

■お問い合わせについて

本書に関するご質問については、本書に記載されている内容に関するもののみとさせていただきます。本書の内容と関係のないご質問につきましては、一切お答えできませんので、あらかじめご了承ください。また、電話でのご質問は受け付けておりませんので、必ずFAXか書面にて下記までお送りください。
なお、ご質問の際には、必ず以下の項目を明記していただきますようお願いいたします。

1　お名前
2　返信先の住所またはFAX番号
3　書名
　　（大きな字でわかりやすい　スマートフォン超入門
　　Android対応版［改訂2版］）
4　本書の該当ページ
5　ご使用のOSとソフトウェアのバージョン
6　ご質問内容

お送りいただいたご質問には、できる限り迅速にお答えできるよう努力いたしておりますが、場合によってはお答えするまでに時間がかかることがあります。また、回答の期日をご指定なさっても、ご希望にお応えできるとは限りません。あらかじめご了承くださいますよう、お願いいたします。
ご質問の際に記載いただいた個人情報はご質問の返答以外の目的には使用いたしません。また、返答後はすみやかに破棄させていただきます。

■お問い合わせの例

FAX

1　**お名前**
　　技術　太郎

2　**返信先の住所またはFAX番号**
　　03-XXXX-XXXX

3　**書名**
　　大きな字でわかりやすい　スマートフォン超入門　Android対応版［改訂2版］

4　**本書の該当ページ**
　　54ページ

5　**ご使用の機種とOSのバージョン**
　　Xperia 1 IV
　　Android 13.0

6　**ご質問内容**
　　ひらがなを入力できない

問い合わせ先

〒162-0846
東京都新宿区市谷左内町21-13
株式会社技術評論社　書籍編集部
「大きな字でわかりやすい　スマートフォン超入門
Android対応版［改訂2版］」質問係
FAX番号　03-3513-6167

URL：https://book.gihyo.jp/116

大きな字でわかりやすい
スマートフォン超入門
Android対応版［改訂2版］

2023年6月20日　初版　第1刷発行

著　者●リンクアップ
発行者●片岡　巌
発行所●株式会社　技術評論社
　　　　東京都新宿区市谷左内町21-13
　　　　電話　03-3513-6150　販売促進部
　　　　　　　03-3513-6160　書籍編集部
本文デザイン●アーク・ビジュアル・ワークス
本文イラスト●コルシカ、イラスト工房（株式会社アット）
編集／DTP●リンクアップ
担当　　●伊藤　鮎
製本／印刷●大日本印刷株式会社

定価はカバーに表示してあります。

ISBN 978-4-297-13539-3 C3055
Printed in Japan